엄마표 감정코칭

옮긴이 **정지영**

대진대학교 일본학과를 졸업한 뒤 출판사에서 수년간 일본도서 기획 및 번역 편집을 담당하다 보니 어느새 번역의 매력에 푹 빠져 버렸다. 현재 는 엔터스코리아 출판기획 및 일본어 전문 번역가로 활동 중이다. 주요 역서로는 《비주얼 씽킹》,《도쿄대 물리학자가 가르쳐주는 생각하 는 법》,《SIMPLE 비즈니스 숫자 공부법》 등이 있다.

아이의 평생 성격을 결정하는 엄마표 감정 코칭

초판 1쇄 인쇄일 2017년 5월 17일 • 초판 1쇄 발행일 2017년 5월 23일

지은이 간노 쇼코 • 옮긴이 정지영

펴낸곳 도서출판 예문 • 펴낸이 이주현

등록번호 제307-2009-48호 • 등록일 1995년 3월 22일 • 전화 02-765-2306

팩스 02-765-9306 • 홈페이지 www.yemun.co.kr

주소 서울시 강북구 솔샘로67길 62(미아동, 코리아나빌딩) 904호

ISBN 978-89-5659-328-9

Original Japanese title :
ANGER-MANAGEMENT OKORIYASUIKO NO SODATEKATA
Text copyright ⓒ 2016 Shoko Kanno
Original Japanese edition published by Kanki Publishing Inc
Korean translation rights arranged with Kanki Publishing Inc
through The English Agency (Japan) Ltd. and Danny Hong Agency.
Korean translation copyright ⓒ 2017 by Yemun Publishing co., Ltd.

아이의 평생 성격을 결정하는

엄마표
감정코칭

간노 쇼코 지음 | 정지영 옮김

감정에 휘둘리지 않는 습관은
아이의 마음속 뿌리를 깊고
단단하게 만들어 줍니다.

마음의 뿌리가 튼튼할수록
아이는 크고 바르게 자라납니다.

인성과 창의력이라는
열매를 맺을 수 있습니다.

내가 나쁜 걸까, 우리 애가 별난 걸까
오늘도 아이에게 화내고 후회하는 엄마에게

엄마와 아이의 기준은 다릅니다. 아이에게는 당연한 장난이 엄마에게는 반드시 고쳐줘야 할 잘못된 행동일 수 있고, 엄마로서는 당연한 대응이 아이에게는 "엄마, 미워"라며 울게 만드는 일일 수도 있습니다. 엄마는 아이를 이해시키며 훈육하려 하지만, 말처럼 쉬운 일이 아닙니다. 제 맘대로 되지 않으면 잠시도 참지 못하고 폭력적인 언동을 하거나, 한 마디도 지지 않고 말대꾸하는 모습을 보면 엄마 마음속에서도 열이 끓어 오릅니다. '욱하지 말아야지' 생각하다가 결국 나도 모르게 아이에게 큰소리를 내고 맙니다.

"아이한테 화내지 않으려고 참고 참다 결국엔 감정적으로 폭발하고는 매번 후회해요."

"우리 애는 뜻대로 안 되면 갑자기 소리를 지르거나, 폭력을 행사해요. 내 아이지만 도저히 이해할 수 없고, 통제할 수도 없어서 너무나 힘들어요."

"훈육할수록 아이가 공격적으로 반응합니다. 제가 아이의 성격을 망치고 있는 걸까요?"

이 같은 고민을 토로하는 엄마들이 정말 많습니다.

엄마와 아이, 욱하는 이유

어째서 아이들이 폭력적인 방식으로 자신의 나쁜 감정을 표현하는 걸까요? 아이들은 감정을 조절하는 방법을 모르기에 발작적으로 화를 폭발시킵니다. 배워본 적이 없으니 자신이 할 줄 아는 식으로밖에 표현하지 못합니다. 울고 떼쓰거나, 때리고 부수거나, (조금 큰 아이들의 경우) 공격적인 말로 타인에게 상처를 주는 것입니다.

그렇다면 엄마는 좀 다를까요? 성인은 어느 정도 자신의 감정을 절제할 줄 압니다. 그러나 엄마도 사람인지라 억누르다 보면 결국 터지게 마련입니다. 컵에 물이 차면 결국 넘치듯, 감정이 폭발한 상황에서는 십중팔구 바람직하지 않은 방식으로 화가 표출됩니다.

"진짜 왜 이러니? 내가 너 때문에 얼마나 힘든지 알아?"

엄마의 감정적인 대처는 아이의 원망과 반감을 사는 악순환을 낳습니다. 자녀가 자라는 기간 내내 이런 갈등이 반복되면, 아이와 엄마는 서로를 부정적인 감정 안에 가둬 고립시키게 됩니다.

이것은 아이의 잘못도, 엄마의 잘못도 아닙니다. 둘 다 감정을 다스리는 방법을 모를 뿐입니다. 화내고 나서 죄책감을 느끼는 엄마가 많은데, 화낸 것 자체가 아니라 잘못 화낸 것이 문제입니다. 어떻게 하면 순간적으로 욱하지 않을지, 화낼 때와 내지 않을 때를 분간하여 후회 없이 잘 화낼 수 있을지 그 방법을 배워야 합니다. 엄마 자신의 감정에 대한 이해 또한 필요합니다.

아이가 유별나게 성질이 나쁜 것도 아닙니다. 달리 감정을 표현할 방법을 알지 못할 뿐입니다.

감정 조절의 필요성을 엄마가 먼저 알고, 아이를 가르친다면 문제는 자연스럽게 해결될 것입니다. 나아가 아이는 엄마를 (엄마의 대응이 이성적이라는 점에서) 신뢰하고, 엄마는 아이를 (행동의 동기와 아이의 요구에 관해) 더 깊이 이해하게 될 것입니다.

감정 다스리기, 엄마와 아이가 함께하세요

자신의 마음속에서 벌어지는 일들을 알고, 감정을 파악하고, 그것을 다스리는 일은 성숙한 존재가 되기 위한 첫걸음입니다. 수많은 책과 미디어에서 행복한 삶, 성공적인 삶을 위해 감정 다스리기를 추천합니다. 기업 차원에서 직원들에게 감정 조절 수업을 권하는 곳도 많습니다. 요즘처럼 감정 조절에 장애를 겪는 사람들이 많은 시대에는 어떤 상황에서든 이성적으로 대응할 수 있는 능력이 곧 경쟁력입니다.

"참 바르게 자랐다", "인품과 인성이 보기 드물게 훌륭하다"는 것은 천 년 전 공자 시대에도 큰 칭찬이었으며, 지금도 마찬가지입니다. 우리 아이들이 살아갈 이삼십 년 후 인공지능 시대에는 더욱 그러할 것입니다.

최근 미국과 일본에서는 일선 초등학교에서도 감정, 그중에서도 화나는 감정을 다스리는 방법에 관한 수업이 많이 이뤄지고 있습니다. 필자 역시 아동 대상의 수업을 진행합니다. 이런 경험을 바탕으로, 이 책에서는 실제로 엄마와 아이가 함께 할 수 있는 감정 조절 훈련법을 소개합니다. 온 가족을 위한 기본적인 감정 기술들과, 아이가 직접 읽고 쓸 수 있는 워크 시트가 포함된 다양한 훈련들을 상세히 설명했습니다. 5세 전후의 미취학 아동부터 저학년 아동까지, 하루 10~30분이면 충분합니다.

아이를 지도하며 엄마 아빠도 함께 연습한다면 가족 모두 감정 조절과 표현법이 변화하며, 가정의 분위기가 온화해지는 것은 물론 신뢰가 깊어짐을 느낄 것입니다.

부디 일상생활에서 활용해보기 바랍니다.

차례

4장

아이와 함께하는 하루 10분 마음 공부 —실천 훈련 편

엄마와 아이의 감정 유형을 찾아라!
감정 다스리기를 위한 워밍업 : 자기 진단 테스트

아이와 함께 다음의 질문에 답해 보세요. 자신의 감정 유형을 찾고 그에 맞는
감정 다스리기 대책을 세울 수 있습니다.

누군가 나에게 뭐라고 하면 맞는 말이라도 화가 난다.

NO | YES

나는 대체로
마음이 넓은 편이다.

잘못되었다고 생각하면
상대가 포기할 때까지
지적한다.

YES | NO | YES | NO

남이 나를 어떻게 생각하는지 신경 쓴다.	고집이 세다는 말을 종종 듣는다.	원칙주의자 라는 말을 종종 듣는다.	사람은 혼자 살 수 없다고 생각한다.
예 1 아니오 2	예 2 아니오 1	예 4 아니오 3	예 3 아니오 4

나와 아이의 감정 유형과 그에 맞는 대처법은?

1번 유형 온화한 평화주의자 형 (마음의 체온 36.0℃)

어느 정도의 갈등은 아무 일도 없었던 것처럼 무시할 수 있는 유형입니다. 다만 마음속에 불만을 쌓아두기 쉽습니다. 이따금 마음속 감정을 바라보고 다독여줘야 합니다. 추천하는 마음 훈련법 = 릴랙제이션 호흡법(152쪽)

2번 유형 내 방식대로 형 (마음의 체온 36.8℃)

자신의 시간과 방식을 중요하게 여기지만, 혼자 있는 것을 잘 견디지 못하는 양면성이 존재합니다. 하루에도 몇 번씩 기분이 바뀌며, 주변 사람들을 멋대로 주무르려 할 수 있으니 주의해야 합니다. 추천하는 마음 훈련법 = 그라운딩(143쪽)

3번 유형 다혈질 에너자이저 형 (마음의 체온 37.8℃)

분노를 의욕으로 능숙하게 변환하는 유형입니다. 주변 사람들에게 인기가 있는 타입이지만, 지나치게 잘 흥분하기도 합니다. 쓸데없이 참견이 심하다는 평가

를 받을 수도 있습니다. | 추천하는 마음 훈련법 | = 코핑 만트라(148쪽)

4번 유형 폭발하는 지뢰 형 (마음의 체온 39.5℃)

타인에게도 자신에게도 엄격한 유형입니다. 화를 잘 주체하지 못하고, 이로 인
해 주변으로부터 고립되기도 합니다. 주위 사람들과 원활하게 소통하도록 의식
적으로 연습할 필요가 있습니다.

| 추천하는 마음 훈련법 | = 스케일 테크닉(91쪽)

1장

못 참는 아이,
욱하는 엄마

기본 교양 편

아이에게 감정 다스리기를 알려주기
위해서는 엄마가 먼저 감정에 관해
공부해야 합니다.
아이와 함께하는 감정 조절 훈련을
위해 엄마가 먼저 알아야 할
감정 공부의 기본 교양을
설명합니다.

감정 다스리기 훈련,
사춘기 전에 시작하라

사랑의 결실로 태어난 보물, 그러나 소중한 아이가 커갈수록 당황스러움과 혼란에 직면하는 부모가 많습니다. 자기 마음대로 되지 않으면 화를 내거나 별것 아닌 일에도 분을 삭이지 못하는 아이를 보며 어떻게 대처하면 좋을지 몰라 쩔쩔매는 경우가 허다합니다. 천진무구하던 아이가 어느 날 갑자기 거친 언행을 보이는 바람에 놀라기도 합니다. 그런가 하면 부모 또한 아이에 대한 감정을 조절하지 못해 어려움을 겪습니다. 마음속으로는 '참아야지', '알아듣도록 좋게 말해야지' 하다가도 막상 제멋대로인 아이를 보면 짜증을 내고 마는 식입니다.

이러한 상황에서는 부모와 자녀 간에 깊은 신뢰 관계가 형성되기 어렵습니다. 엄마 아빠는 아이를 어떻게 통제할지 고심하고, 아이는 부모를 두려워하기 쉽습니다. 통제하려는 자와 억눌린 자, 이 둘 사이에는 필연적으로 긴장이 흐를 수밖에 없습니다. 가족이 함께함으로써 행복해야 할 순간이 도리어 '전쟁 같은 시간'이 되고 마는 이유입니다.

이 문제를 해결하기 위해서는 감정 조절 훈련이 필요합니다. 그중에서도 욱하는 감정을 조절하는 것은 가능한 한 사춘기 이전부터 가족이 함께 훈련할 필요가 있습니다. 아이를 감정 조절에 능숙한 인격체로 키울 뿐 아니라, 훈련 과정에서 부모와 아이가 함께 성장하여 더욱 온화한 가정을 이루는 데 일조합니다.

감정 조절 훈련이란 무엇인가

감정 조절 훈련은 순간적으로 화가 치밀어 오르거나, 억울함과 좌절감, 슬픔 등의 감정이 솟아오를 때 그 감정의 소용돌이에 휩쓸리지 않도록 합니다. 또 다른 말로 '분노 조절' 훈련이라고도 할 수 있습니다.

분노 조절은 1970년대 미국에서 탄생한 심리 기술로, 본래는 소수 집단을 정신적으로 돕기 위한 프로그램으로 생겨났다는 설이 유력합니다. 이후 9.11 테러를 계기로 미국 전역에 더욱 확대되었습니다. 의료비가 비싼 탓에 용이하게 통원 치료를 받지 못하는 미국에서 테러로 인해 깊은 분노와 마주해야 했던 사람들을 중심으로 순식간에 퍼진 것입니다. 오늘날은 정신적 내상을 가진 환자들뿐 아니라, 이성이 감정을 조절하는 데 어려움을 겪는 수많은 사람을 대상으로 합니다.

감정 조절이란 간단히 말해서 자신의 감정을 파악하는 일입니다. 욱하는 마음이 들거나 부정적인 감정이 생겨났을 때 그 감정에 지배당하지 않고 자신의 마음에서 벌어지는 일들을 알아차리는 것이 핵심입니다. 그러면서 그때마다 필요한 기술을 받아들이면 때로는 행동을, 때로는 의식을 바꿔나갈 수 있습니다. 이 책에서 소개하는 기술(훈련법)들을 평소 실천하다 보면, 마음속에 있는 부정적인 감정과 별 탈 없이 지낼 수 있게 될 것입니다.

오늘도 폭발하고 만 당신,
대체 왜 그랬을까?

감정을 조절하는 훈련이 곧 '화를 참는 일'이라고 생각하는 사람도 있습니다. 슬프거나 분한 마음이 들어도 화를 꾹꾹 눌러 담고 표현하지 않습니다. 감정을 드러내지 않는 것을 감정 조절을 잘하는 것이라고 여기며, 아이에게도 "네가 참아야지"라고 가르칩니다. 그러나 감정 조절의 목표는 화내지 않는 것이 아닙니다.

인내를 최선으로 여기는 이러한 방식은 오히려 역효과를 부를 수 있습니다. 화를 내지 않으면 부정적인 감정을 밖으로 내보내지 못하므로 그 칼날이 언젠가 자신을 향하게 됩니다.

'난 아무것도 할 수 없는 사람이야. 내 힘으로는 무엇도 바꿀 수 없어.'

'원하지 않지만 어쩔 수 없는 일이야. 이렇게 사는 게 나의 삶인걸.'

'내가 어떻게 느끼는지 따위, 아무도 신경 쓰지 않아.'

부정적인 감정을 억누르고 외면하기만 하다 보면, 결국 자책만이 남게 됩니다. 여과 없는 지나친 발산도 나쁘지만 지나친 억제도 좋지 않습니다. 평생 감정 표현을 억제당해온 사람 중에는 낮은 자존감과 무력감 등으로 우울을 겪는 경우가 많습니다.

감정 조절은 감정을 참는 것이 아니다

감정을 참는 일은 마치 오래된 서랍장을 여닫는 것과 같습니다. 삐걱거리는 서랍을 무리해서 세게 닫으면 서랍이 고장 나기도 하고, 다른 서랍이 튀어나올 때도 있습니다. 억지로 누르려고 하면(서랍장, 즉 본인의 마음을 망가뜨리면) 다른 서랍이 튀어나오는(관계없는 부분에서 감정이 폭발하는) 등 본래와 다른 형태로 감정이 표현되고 맙니다.

특히 욱하는 감정은 더욱 그러합니다. 억누르기만 하다 보면 언젠가 뜻하지 않은 상황에서 지나친 분노를 표출하게 됩니다.

"너 이럴 거면, 이제 엄마 딸(아들) 하지 마!"

길거리에서 지나칠 정도로 큰소리로 아이를 혼내며 짜증을 내는 엄마를 보았습니다. 어떤 상황인지는 모르지만 고함을 치며 아이를 훈육하는 것은 좋은 방식이 아닙니다. 아이에게 상처를 주는 말을 하는 것도 어른답지 않습니다. 순간의 화를 참지 못한 것으로, 분명 그 엄마 또한 후회했을 것입니다.

이처럼 아이에게 마구 화를 내고는 '화내지 않고 차분히 말해도 됐을 텐데 왜 그랬을까' 하는 자책감에 괴로워한 경험이 누구나 한 번쯤 있을 것입니다.

화내지 않아도 되는 일에 화내는 것은 물론 잘못입니다. 하지만 엄마가 나쁜 것은 아닙니다. 엄마의 마음 서랍장이 고장 났기 때문이지요. 화나는 마음을 눌러 담고 구겨 담아 애써 서랍장을 닫아 놓으니, 조금만 건드려도(조금만 기분이 나빠도) 엉뚱한 서랍장이 튀어나오는 것입니다. 애써 화를 참다 보니 이전의 잘못과는 관계없는 상황, 또는 평소라면 화내지 않을 만한 상황에서 갑자기 분노가 폭발합니다.

후회 없는 양육, 후회하지 않는 삶을 위하여

화를 낼 만한 일에는 화를 내고, 화내지 않아도 되는 일에는 화를 내지 않으면 됩니다. 이것이 바로 분노 조절입니다.

분노 조절을 잘하면 욱하고서 후회하는 일이 없어집니다. 아이와의 관계뿐 아니라 부부 관계나 사회생활에서도 마찬가지입니다.

나아가 아이에게 분노 조절을 가르치면 미래에 분노로 인해 후회할 일을 줄여줄 수 있습니다. 화를 참지 못해 후회하는 '욱하는 어른'이나 화내야 할 때 화내지 못해 자책하는 '답답한 존재'가 아니라, 상황에 따라 자신의 감정을 능숙하게 표현하는 '성숙한 인간'으로 자라나도록 돕는 것입니다.

타인은 통제할 수 없다,
내 아이도 마찬가지다

욱하는 감정을 조절하기 위해서는 '사람은 통제할 수 없다'는 사실을 알아야 합니다. 그 사실을 인정하는 데서부터 감정 다스리기가 시작됩니다. 자녀에 대해서도 마찬가지입니다. 내 아이라 해도 엄연히 타인입니다. 타인은 통제의 대상이 아닙니다.

사람은 왜 화가 나는 것일까요? 통제할 수 없는 대상을 억지로 통제하려 할 때, 내 생각대로 되지 않으면 분노가 발생합니다. 분노가 격해질수록 이성적인 판단 및 대응과는 거리가 멀어지고, 분노를 받아내는 주변 사람들은 상처받고 점점 냉담해지게 됩니다. 그러면 상대를 컨트롤하기가 더 어려워지고, 이로 인해 다시 화가 나는 악순환의 고리가 커집니다.

시험이 코앞인데 공부는커녕 느긋하게 놀고 있는 아이를 보면 화가 치밉니다. 게다가 매번 성적도 좋지 않습니다. 이런 일이 반복되다 보니 아이가 조금만 게으름 피우는 모습을 보아도 욱하게 되었습니다. 어느 날은 하교 후 집에서 빈둥거리는 아이에게 화를 내고, 또 하루는 늦게까지 잠을 자지 않고 있는 모습에 화가 폭발했습니다.

아이 입장에서는 종일 학교와 학원을 전전하다 귀가해 조금 놀았을 뿐인데 게으름 피운다고 혼나는 것이 억울합니다. 결국 언제인가부터 엄마의 말에 무조건 짜증으로 대응하게 됩니다.

이렇게 해서 엄마와 아이 사이에는 간극이 생겨납니다. 작은 일에도 서로 욱하는 사이가 되고 마는 것입니다.

화를 다스리지 못하면 이 같은 가정의 비극에 다다르게 됩니다.

화를 낸다는 것의 진짜 의미

그렇다면 결코 화내서는 안 되며 분노는 나쁜 것일까요? 바쁜 아침 시간을 예로 들어 봅시다. 아침잠에 겨운 아이를 힘겹게 일으켜 깨웠더니, 이번엔 옷을 갈아입던 중 텔레비전에 정신이 빠져 있습니다. 그 모습을 보자 엄마는 짜증이 밀려옵니다. "언제까지 텔레비전만 보고 있을 거야? 빨리빨리 안 해?"라며 호통치는 일은 사실 여느 집안에서 흔히 볼 수 있는 광경입니다.

이렇게 무심코 내뱉는 분노에는 이유가 있습니다. 학교에 늦을 것 같아서, 엄마도 출근 준비로 바쁘기 때문에, 몇 번이나 주의를 줬는데도 빨랫감을 치우지 않아서 등등이 그것입니다. 이처럼 '화내는 이유'는 사실 '내가 상대(아이)에게 바라는 일'이라고 할 수 있습니다.

아이가 텔레비전을 끄고 빨리 등교 준비를 한다면 화가 나지 않을 것입니다. 그러니 "텔레비전은 그만 보고 나갈 준비 하자, 엄마 지금 화날 것 같아"라고 감정 상태와 원하는 것을 전달하면 됩니다. 실은 많은 엄마들이 '그런 식으로 화내지 말걸'이라고 생각하지만, 욱하는 순간을 참지 못해 감정적으로 화내고 후회합니다.

화가 난다면, 아이에게서 시선을 거둬라

욱하는 감정을 다스리고 싶은가요? 그렇다면 상대를 바꾸려 하거나 상대의 분노를 어떻게 하려 해서는 안 됩니다. 분노 조절은 타인이 아닌, 자신의 분노를 다루는 일입니다.

아이의 행동에 화가 나 참을 수 없다 해도 자신의 감정을 다스리는 것이 우선입니다. 아이를 어떻게 할까 생각하지 말고, 나 자신의 마음 속부터 어떻게 할지 생각해야 합니다.

화(火)는 말 그대로 마음의 불과 같습니다. 마음에서 불길이 일어나는 순간, 설사 그 불이 상대로 인해 촉발되었다 해도 상대로부터 시선을 거둬 나 자신을 바라보십시오.

상대의 행동을 지적하고 통제하려 하기보다 내 마음속에서 벌어지는 일들에 주의를 기울여야 합니다. 내가 어떤 감정을 느끼고 있으며, 그 감정의 정체는 무엇인지를 먼저 알아야 합니다.

그래야 상대가 무엇을 어떻게 해주기를 바라며, 그것을 어떻게 상대방에게 전할지 등 생각을 펼쳐나갈 수 있습니다. 내 마음의 불길이 걷혀야 이성적인 판단과 대응이 가능해집니다.

한편, 아이가 자주 욱하는 모습을 보인다면 아이에게도 다른 사람(형제, 부모, 친구, 교사 등)은 내 맘대로 좌지우지할 수 없다는 것을 알려줘야 합니다. 욱하는 마음이 생기면 다른 사람이 아니라, 일단 자신의 마음에 집중해야 한다는 것을 가르쳐 주십시오.

화나는 감정은
나쁜 것이 아니다

화에 관해 좀 더 알아보겠습니다. 화나다, 노하다, 열받다, 성나다……. 한결같이 부정적으로 느껴지는 이 어휘들의 공통점은 바로 분노의 감정을 나타낸다는 것입니다.

많은 감정 가운데서도 분노는 이성과 가장 먼 감정이라 할 수 있습니다. 앞서 마음의 불길이라는 이야기를 했는데, 한 번 불이 번지면 걷잡을 수 없듯 분노 또한 빠른 속도로 우리의 사고를 점령합니다. 분노에 사로잡히면 순식간에 이성을 잃고 평상시라면 하지 않았을 행동과 말을 하게 되지요(이것은 어른이나 아이나 마찬가지입니다). 타인에게 상처를 주고, 때로는 일과 인간관계를 그르치게 하고, 후회를 낳습니다.

이런 점에서 분노는 성가신 감정처럼 보입니다. 그렇다면 분노는 정말 불필요한 감정일까요? 도대체 우리는 왜 이렇게 성가시고 불필요한 분노라는 감정을 지니고 이 세상에 태어났을까요?

분노 감정이란 무엇인가

화나는 감정을 다스리기 위해서는 먼저 분노가 무엇인지 알아야 합니다. 아이와 함께하는 훈련에 돌입하기에 앞서 분노라는 감정의 정체를 공부해 봅시다. 희로애락이라는 말이 있듯, 분노는 우리가 지닌 감정 중에서도 대표적인 감정에 속합니다.

'감정'이란 무엇일까요? 사전에는 "매사에 대해 느끼거나, 매 순간 생겨나는 기분. 바깥으로부터의 자극으로 인한 감각이나 관념에 따라 발생하는, 어느 대상에 대한 태도나 가치 부여(이하 생략)"라고 정의되어 있습니다. 매사에 대해 느끼거나 순간순간 생겨나는 기분은 그 어떤 것이라도 자연스러운 것이며, 좋다고도 나쁘다고도 할 수 없습니다. 즉, 분노 감정을 느끼는 일 자체는 결코 나쁘지 않습니다.

한편, 분노 감정에는 역할이 있습니다.

화가 났을 때를 떠올려 보세요. 누군가 듣기 싫은 말을 했을 때, 발을 밝혔을 때, 내가 한 말을 상대가 들어주지 않았을 때……. 이처럼 어떤 위해가 자신에게 미친다고 느꼈을 때 우리는 무심코 성질을 내게 됩니다. 즉, 우리는 안전이 위협받을 때 분노라는 감정을 이용해서 상대를 위협하거나, 공격하거나, 혹은 상대로부터 도망쳐서 몸을 지킵니다. 분노 감정은 중요한 사명을 띠고 우리 안에 존재합니다.

감정 자체에는 죄가 없다

이처럼 분노는 중요한 감정입니다. 그런데 왜 우리는 항상 분노를 부정적으로 인식할까요? 그것은 분노를 느낀 뒤에 일어나는 행동 때문입니다.

"화를 참지 못해서 그만……."

사람들이 잘못을 저지르고 나서 하는 가장 흔한 말 중 하나입니다. 이렇게 화가 나서 행동을 제어하지 못한다면, 자칫 돌이킬 수 없는 결과를 초래할 수 있습니다.

얼마 전 홋카이도에서 아이의 예의 없는 행동에 화가 난 부모가 예의범절을 가르친다며 아이를 산속에 두고 온 사건이 있었습니다. 대대적인 수색을 펼친 끝에 약 일주일 뒤 아이는 무사히 구출되었지만, 예의 범절 교육이라는 명목으로 자녀의 목숨을 위험에 빠뜨렸던 부모는 자신들의 행동을 매우 후회했다고 합니다. 마음의 불길이 번져 평상 시라면 하지 않았을 일을 저지른 것입니다.

분노는 중요한 감정이며, 그 자체는 나쁜 것이 아닙니다. 하지만 그 무엇보다도 주의해야 할 감정임이 틀림없습니다.

자신의 감정을 조종하는
파일럿이 돼라

마음속에서 욱하고 화나는 감정이 올라오는 순간, 분노는 눈앞의 상대를 향합니다. 회사에서 쌓인 짜증이 귀가 후 아이를 향해 터져 나오기도 합니다. 밖에서 꾹꾹 눌러 닫아뒀던 마음의 서랍장이, 엉뚱하게도 집에 돌아와 아이의 작은 실수에 용수철처럼 튀어나오고 마는 것입니다.

그러므로 우리는 욱하는 순간 일단 눈앞의 상대로부터 시선을 거둬 자신의 마음으로 시선을 옮겨야 합니다. 분노라는 감정을 다스릴 줄 알아야 합니다.

나의 감정은 나 자신의 것입니다. 그 감정의 책임은 본인에게 있습니다. 상대로 인해 화가 났더라도, 화를 낼지 안 낼지 결정하는 사람은 자기 자신입니다. 우리는 자신의 욱하는 감정을 통제할 수 있습니다.

　감정 조절은 나 자신이라는 비행기를 조종하는 일과 같습니다. 자신을 조종하는 파일럿이 되어 갑작스러운 비나 바람에도 동요하지 않고 원활하게 목적지로 도달하게 해주는 기술입니다.

조절과 억제는 완전히 다르다

　여기서 다시 한번 강조할 것이 있습니다. 감정을 조절하는 일은 감정을 억제하는 것과는 전혀 다르다는 사실입니다.

　인간의 내면에는 수많은 감정이 존재합니다. 감정이란 자체가 다루기 어려운 것이나, 그 가운데서도 분노는 각별히 주의해야 하는 종류입니다. 격분한 나머지 크고 작은 잘못이나 실수를 저지른 경험이 누구나 한 번쯤은 있을 것입니다. 심각한 경우 죄를 짓거나, 가족과 친구 등 가까운 인간관계를 해치기도 합니다.

　그러나 그것이 두려워 억누르기만 하는 것도 좋은 방책은 아니며 오히려 역효과를 부를 수도 있습니다.

　예를 들어, 어떤 상황에서도 아이에게 화내지 않으려 애쓰는 부모들이 있습니다. 혼내거나 화를 내면 아이가 기죽을까 걱정합니다. 특히 최근에는 칭찬하는 육아가 큰 인기를 끈 결과, 아이에게 절대 화를 내서는 안 된다는 비뚤어진 인식이 널리 퍼지고 있습니다.

하지만 억눌린 분노는 없어지기는커녕 더욱 나쁜 방향으로 형태가 바뀌기도 합니다. 정서적인 학대나 권력을 이용한 학대 등은 분노가 형태를 바꿔 나타난 문제입니다.

아이들의 경우, 가정 내에서 억눌린 분노가 타인을 공격하는 형태로 바뀌어 집단 따돌림과 같은 문제가 발생하기도 합니다.

부모라고 해서 무조건 화를 참기만 하는 것도 좋은 방법은 아니며, 아이의 분노를 억누르기만 하는 것도 자칫 위험한 결과를 초래할 수 있습니다. 아이도, 어른도 감정 조절 훈련을 통해 바람직한 방식으로 화를 표현하는 방법을 배워야 합니다.

초등 수업에서 점차 확산되는 분노 조절 훈련

분노 조절이라고 하면 어쩐지 먼 이야기라거나, 무거운 주제로 느껴질 수 있습니다. 그러나 감정 조절에 어려움을 겪는 이들이 많아지면서 최근 미국과 일본 등에서는 분노 조절 훈련이 일상화되는 추세입니다. 학교 교육 현장, 특히 초등 교실에 도입되는 경우도 늘고 있습니다.

분노 조절의 본고장인 미국에서는 변호사, 정치가, 스포츠 선수 등 온갖 분야에서 활약하는 사람들이 분노 조절을 받아들이고 있습니다. 저명한 운동선수로는 테니스 선수 로저 페더러, 프로골퍼 부바 왓슨 등이 분노 조절 기술을 익혔다고 합니다.

또한 폭력 사건이나 속도위반을 저지른 사람이 법원의 명령에 따라 분노 조절 강습을 받는 일은 지극히 일상적입니다. '분노 조절'이라는 제목으로 영화나 텔레비전 드라마가 만들어졌을 뿐만 아니라 캘리포니아 주에서는 많은 초등학교가 분노 조절을 도입하고 있습니다. 그 수는 지금도 계속 늘어나는 추세입니다.

일본에서도 최근 몇 년간 분노 조절이 급속하게 확대되고 있습니다. 의료 현장을 비롯하여 금융사, 전통의 대기업 등 다양한 산업 분야의 현장에서 분노 조절 훈련이 시행되고 있습니다. 예를 들어, 노무라 증권사에서는 전 사원을 대상으로 하는 분노 조절 강의를 추진하고 있으며, 오카야마 현과 지바 현에서는 수업의 일환으로 분노 조절 훈련을 도입한 초등학교도 있습니다.

몇 년 전 오사카의 사쿠라노미야 고등학교에서 담당 교사에게 강압적으로 괴롭힘을 당한 농구부 주장이 스스로 목숨을 끊은 참혹한 사건이 있었습니다. 이 일을 계기로 많은 교육 관계자가 분노 조절 강의를 수강했습니다. 필자도 여러 교육위원회와 초중고에서 분노 조절을 전파했습니다. 또한 자녀를 둔 부모들에게도 분노 조절법을 가르칩니다. 강좌를 열 때마다 수강생들의 열정적인 자세를 보면서 많은 이들이 분노 조절을 필요로 하고 있음을 실감합니다.

잘못된 방식으로
화를 내면 일어나는 일

최근 버럭 할 일이 많았는데 그 이후로 건강이 나빠진 것 같다……. 집에서 자주 큰소리를 내다 보니 부부 사이가 멀어진 듯하다, 아이가 시험지를 숨기거나 중요한 이야기를 하지 않는 것 같다……. 이는 단순한 느낌이 아니라 사실일 가능성이 높습니다.

화내는 것은 나쁜 일이 아니지만, 잘못된 방식으로 화를 내면 여러 가지 나쁜 일이 발생합니다. 대표적인 3가지를 꼽아보겠습니다.

첫째, 몸을 상하게 된다(신체에 부담을 준다)
둘째, 소중하게 쌓아온 인간관계를 무너뜨린다
셋째, 중요한 정보가 들어오지 않는다

몸을 상하게 된다

　격분한 순간, 심장을 부여잡고 쓰러지는 모습을 드라마에서 본 적이 있을 겁니다. 실제로 어떻게 화내느냐에 따라 신체에 여러 가지 형태로 부담이 올 수 있습니다. 오스트레일리아 시드니의 급성 심혈관 진료소에서 심장 발작이 확인된 330여 명의 환자를 대상으로, 발작이 일어나기 48시간 전에 어떤 감정을 느꼈는지 조사했습니다. 그 결과 극단적인 분노를 느낀 환자가 2시간 이내에 발작을 일으킬 위험성이 평상시의 8.5배나 높다는 것이 판명되었습니다.

　또 화가 나면 스트레스 호르몬의 일종인 코르티솔이 분비되어 감염증은 물론 암에 걸릴 위험이 높아진다고 합니다. 코르티솔이 분비되면 활성산소로 인해 세포가 쉽게 산화되므로 코르티솔은 노화 호르몬으로 불리기도 합니다.

　한편, 분노의 화살이 자신을 향하면 괴로움에 빠집니다. 무기력과 좌절감, 자책감에 시달리고 우울증에 이르게 됩니다. 자신을 미워하고 타인으로부터 자신을 고립시킵니다. 자해하거나 심한 경우 자살을 시도하기도 합니다.

소중하게 쌓아온 인간관계를 무너뜨린다

부적절한 분노는 좋았던 인간관계를 파괴합니다. 인간관계는 쌓는 데 오랜 시간이 걸리지만, 무너지는 것은 한순간입니다. 그리고 회복하는 데에는 다시 긴 시간이 필요합니다.

자주 발끈하고 욱하는 사람 곁에 있는 것은 언제 터질지 모르는 화산 옆에 머무르는 것과 같습니다. 처음에는 그 곁을 지키던 사람도 결국에는 자기 자신의 안전(평안)을 위해 점차 거리를 두고 멀어지게 됩니다. 친구뿐 아니라 가족 간이라 해도 다르지 않습니다.

인간은 다른 사람과 관계를 맺지 않고는 살아갈 수 없습니다. 따라서 화나는 감정을 다루는 기술은 자신과 주변 사람들의 평안한 삶을 위해 매우 중요한 교양입니다.

중요한 정보가 들어오지 않는다

일본에서 가장 유명한 초등학생은 만화 〈도라에몽〉의 주인공 노비타(한국 이름은 진구)와 만화 〈사자에상〉의 가쓰오일 것입니다. 그런데 이 두 사람에게는 공통점이 있습니다. 바로 부모의 눈을 피해 시험지를 숨긴 적이 있다는 것입니다.

가쓰오는 아버지가 소중하게 여기는 항아리에 시험지를 숨긴 적이 있습니다. 노비타는 0점을 받은 시험지를 엄마가 못 보게 하려고 도라에몽에게 부탁해서 지하실을 만들었습니다. 당연한 이야기만, 혼나는 것이 싫었기 때문입니다.

사람은 자신에게 심하게 화내는 사람이 있으면, 그를 자극하지 않으려 합니다. 결과적으로 화내는 쪽에는 중요한 정보가 들어오지 않게 됩니다. 만약 아이가 화 잘 내는 엄마 혹은 아빠에게 무언가를 숨긴다면, 그것은 위험을 회피하는 행동이라고 볼 수 있습니다.

제대로 화내는 방법을 모르면 삶이 힘들어진다

이외에도 잘못된 방식으로 화를 내면 다음과 같은 상황을 비롯하여 수많은 문제를 겪을 수 있습니다.

- 아무리 화내도 상대방/상황이 바뀌지 않는다
- 업무상 과실을 저질러 직업을 잃게 되었다
- 순간적으로 욱해서 사랑하는 사람과 이별하고 말았다

• 화를 참지 못해 상대에게 상해를 입혔다

발끈하여 큰소리를 내거나 폭력을 행사하는 등 잘못된 언행으로 자신의 화를 표출하다 보면 온갖 면에서 삶이 힘들어집니다. 성질이 급하면 손해를 보기 마련입니다. 우리는 걸핏하면 화를 내는 사람에게 마음의 그릇이 작다고 표현합니다. 그릇이 작은 사람이라는 말은 누구라도 듣고 싶지 않을 것입니다. 하물며 나 자신, 그리고 우리 아이에게 그런 평가를 듣게끔 하고 싶지는 않을 테지요.

그러므로 화나는 감정을 능숙하게 조절하여 자신의 편으로 만들고, 그 방법을 아이에게도 가르쳐야 할 것입니다.

아이의 화난 마음을
알아주는 것이 중요하다

신체의 아픔은 고통으로 발현됩니다. 그렇다면 마음의 아픔은 어떨까요? 욱하는 감정, 억울하고 슬프며 화가 나는 '분노 감정'으로 드러납니다.

몸이 아프면 우리는 약을 먹거나, 병원을 찾습니다. 이처럼 고통이라는 불쾌한 감각은 우리 몸에 위기가 왔음을 알려 줍니다. 하지만 마음의 아픔인 분노를 깨닫지 못하면, 우리는 마음을 치료할 수 없습니다. 결국 되돌릴 수 없는 상황에 도달하고 맙니다.

자신의 현재 마음 상태를 생각해 보십시오. 유쾌한가요, 불쾌한가요? 이렇게 자신의 감정을 아는 것이 매우 중요합니다. 다시 강조하건대, 감정 조절의 첫걸음은 감정을 인지하는 것입니다.

화내지 못하는 아이들

종종 화를 내지 못하는 아이들이 있습니다. 동생이 있거나, 집안에 환자가 있는 아이들이 특히 그런 성향을 보입니다. 엄마 아빠를 힘들게 하고 싶지 않고, 걱정을 끼치지 않으려는 고운 마음씨 때문에 감정을 드러내지 않고 억누르는 것입니다.

그러나 아이가 불만이나 짜증, 화나는 감정 등을 표현하지 않는다면 쉽게 욱하는 경우만큼이나 주의를 기울여야 합니다.

'착한 아이 콤플렉스'라는 말을 들어보셨는지요? 말 그대로 착한 아이가 되기 위해 자신의 내적 욕구를 강박적으로 억제하는 것을 말합니다. 타인의 기대에 부합하는 행동에 집착하며, 남의 눈치를 심하게 보고, 쉽게 상처받으며, 자신의 좋고 싫음을 제대로 표현하지 못합니다. 착한 아이 콤플렉스를 가진 아이가 어른으로 자라나면, 겉으로는 잘 드러나지 않아도 내면에는 우울감과 무력감이 가득한 사람이 되고 맙니다.

더 큰 문제는, 감정을 마음속에 담아두고 뚜껑을 닫아버림으로써 화나는 감정이 바람직하지 않은 방향으로 향할 수 있다는 점입니다. 그 감정으로 인해 때로는 다른 사람을 괴롭히기도 하고, 때로는 자신의 몸과 마음에 상처를 입히기도 합니다. 타인에게 사랑받기 위하여 자기 파괴적인 사람이 되고 마는 것입니다.

아이의 마음속 진실과 마주하라

아이에게 금지하는 일이 지나치게 많지 않은가요? 아이에게 너무 엄격한 잣대를 요구하고 있는 것은 아닌지요? 반복적으로 "너는 형(누나)이니까 네가 참아야지"라고 말하거나 "동생도 안 그러는데 다 큰 애가 의젓하지 못하게 왜 이러니"라고 핀잔주고 있지는 않습니까?

어른도 감정을 인내하기 어렵습니다. 하물며 아이가 감정을 참는 데에는 한계가 있습니다. 아이가 자신의 마음을 치료하지 못할 때, 어른인 우리가 해야 할 일은 아이 마음속 감정을 알아주는 것입니다.

부정적인 감정은 언젠가 넘쳐흐르게 마련입니다. 아이로 하여금 지금 느끼는 감정을 알고, 그것이 화나는 감정이라 해서 일부러 참을 필요가 없다는 것을 알려줘야 합니다. 분노란 나쁜 것이 아니라는 사실과 내면의 욕구를 건강하게 풀어나가는 방법을, 즉 제대로 잘 표현하는 방법을 알려줘야 합니다(이와 관련해서는 4장의 〈제대로 화내는 기술〉, 〈화나는 감정 표현하기〉 등의 훈련에서 자세히 설명하겠습니다).

그렇게 하면 아이는 '착한 아이'가 되어야만 사랑받을 수 있다는 강박과 불안감을 마음속에서 지우고, 분노라는 (인간이라면 당연한) 감정을 받아들이고 잘 표현하게 될 것입니다. 어린아이는 자기를 드러내는 편이 훨씬 자연스럽습니다.

아이의 마음을 치유하고, 건강하게 자라도록 하는 것은 양육자의 의무입니다.

특히 주의해야 할
4가지 욱하는 유형

거듭 말하지만 화내는 것 자체는 나쁜 일이 아닙니다. 그러나 다음과 같은 방식으로 화를 내고 있다면, 분노 감정을 통제하는 일이 매우 중요합니다.

한 번 욱하면 불같이 화를 낸다

강도가 강한 분노를 느끼는 유형입니다. 일단 화가 나면 전부 쏟아부을 때까지 멈추지 않는 것이 특징입니다. 마음에 불이 붙기 시작하면 계속 타올라서 지나치게 화를 내고, 문득 제정신이 들면 '왜 이렇게 화를 냈지, 이 정도로까지 화낼 일은 아니었는데'라고 후회합니다.

예전의 일이 떠오르면 마치 그때로 되돌아간 듯 화가 난다

지속적인 분노를 느끼는 유형입니다. 과거에 사로잡혀 예전에 느꼈던 분노가 계속 지속되는 것입니다. 몇 년 전에 일어난 일에 대해 마치 방금 있었던 일처럼 화를 내기도 합니다. 화가 나기 시작하면 과거에 있었던 잘못까지 모두 열거하고, 그로 인해 더욱 화가 납니다. 불붙은 마음에 자기 스스로 기름을 붓는 타입입니다.

작은 일에도 짜증 내고 쉽게 욱한다

빈도가 잦은 분노를 느끼는 유형입니다. 지나가던 행인과 어깨만 부딪혀도 시비가 일어나는 타입으로, 타인의 작은 무례나 일탈도 참아 넘기지 못합니다. 일과 중 있었던 기분 나쁜 경험에 사로잡혀 하루 종일 열을 식히지 못합니다. 이처럼 사소한 일에 쉽게 짜증을 내고, 하루의 많은 시간을 화내는 데 소비하는 상태에서는 다른 좋은 감정이 들어올 여지가 없습니다. 화내는 일에 정신이 팔려 지금 해야 할 일에도 집중하지 못합니다.

화가 나면 폭력적으로 변한다

공격성이 있는 분노의 유형입니다. 분노의 공격성은 여러 곳을 향할 수 있습니다. 타인을 향하면 인간관계를 파괴하고, 물건을 향하면 물건을 파괴합니다. 본인을 향하면 자신을 망가뜨립니다. 관계에 금이 가는 것은 한순간이지만, 회복하는 데에는 긴 시간이 걸리며, 개중에는 두 번 다시 되돌릴 수 없는 관계도 있습니다. 되돌리고 싶다고 집착할수록 더 큰 후회만이 몰려옵니다.

분노 유형을 진단하라

이처럼 짧은 시간에 불같이 화내는 사람도 있고, 지속적으로 자주 화를 내는 사람도 있습니다. 공격이 향하는 지점도 각각 다릅니다. 이렇게 사람마다 분노가 표출되는 형태가 상이하므로, 화나는 감정을 컨트롤하려면 자신과 아이의 분노 유형을 미리 알아두어야 합니다.

분노를 표출하는 특징을 '강도, 지속성, 빈도, 공격성의 방향'으로 파악하여 다음 장의 차트에 각각 10점 만점으로 채점해 보십시오. 그 뒤에 점수와 점수를 연결하여 삼각형을 만들면 분노 유형을 알 수 있습니다.

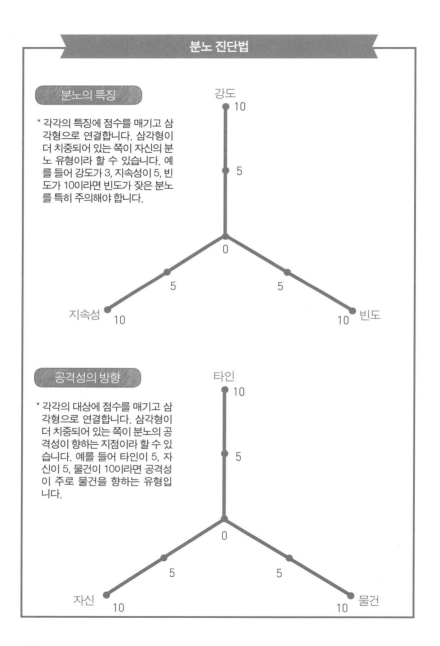

분노 진단법

분노의 특징

* 각각의 특징에 점수를 매기고 삼각형으로 연결합니다. 삼각형이 더 치중되어 있는 쪽이 자신의 분노 유형이라 할 수 있습니다. 예를 들어 강도가 3, 지속성이 5, 빈도가 10이라면 빈도가 잦은 분노를 특히 주의해야 합니다.

강도
10
5
0
5   5
지속성 10   10 빈도

공격성의 방향

* 각각의 대상에 점수를 매기고 삼각형으로 연결합니다. 삼각형이 더 치중되어 있는 쪽이 분노의 공격성이 향하는 지점이라 할 수 있습니다. 예를 들어 타인이 5, 자신이 5, 물건이 10이라면 공격성이 주로 물건을 향하는 유형입니다.

타인
10
5
0
5   5
자신 10   10 물건

감정 공부하기,
첫 번째: 화는 혼자 오지 않는다

요즘처럼 분노가 사회적 화두가 된 시기는 없었습니다. 세대와 성별, 국가를 막론하고 욱하는 감정을 다스리지 못해 벌어지는 사건이 매일 뉴스를 장식합니다.

유치원이나 초등 교육 현장에서도 화를 참지 못하는 아이들, 사소한 갈등에도 지나친 공격성을 보이거나 정서적·신체적 폭력을 행사하는 아이들 때문에 고민을 토로하는 교사가 많습니다. 부모들 또한 어린아이가 격노하며 적의마저 드러낼 때면 어떻게 해야 할지 모르겠다고 호소합니다.

분노 감정을 조절하지 못하는 어른들이 이토록 많은 세상에서, 아이들에게 감정 다스리기를 바라는 것 자체가 무리일지도 모르겠습니다. 그러므로 어른, 특히 부모가 먼저 분노라는 감정에 관해 공부하고 그 감정을 다스리는 방법을 체화해야 합니다.

지금까지는 화나는 감정을 인지하는 것이 중요한 이유에 관해 설명했습니다. 분노 조절의 첫 발걸음을 뗀 것이라 하겠습니다. 그다음 단계로, 이제부터는 분노 감정의 구조와 정체에 관하여 보다 깊이 공부해 봅시다.

화나는 감정 이면의 1차 감정에 주목하라

분노는 매우 강한 감정이지만, 혼자 존재하는 일은 없습니다. 분노는 그 이면에 있는 다양한 감정에서 이차적으로 생겨난 감정이기 때문입니다.

마음속에 컵이 있다고 상상해 보세요. 평상시 '이렇게 하고 싶다', '억울하다', '슬프다', '괴롭다' 등 마음의 컵에 여러 가지 부정적인 감정이 담겨 컵을 채워 갑니다. 이런 것들을 1차 감정이라고 합니다.

슬픔, 외로움, 피로, 불안, 아픔, 불만, 초조함, 실망 등의 부정적인 감정, 즉 1차 감정이 가득 차서 마음의 컵에서 넘치면 분노가 생겨납니다. 그리고 분노로 자신을 잊어버리면 분노의 이면에 있는, 상대가 정말 알

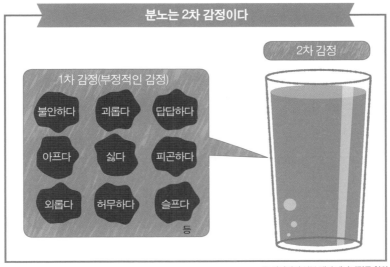

분노는 2차 감정이다

2차 감정

1차 감정(부정적인 감정)

불안하다　괴롭다　답답하다

아프다　싫다　피곤하다

외롭다　허무하다　슬프다

등

ⓒ 사단법인 일본 앵거 매니지먼트 협회

아주기를 바라는 기분(분노를 해결할 실마리)인 1차 감정조차 인지하지 못하게 됩니다.

　따라서 화가 치밀어 오른다면, 그 이면에 있는 1차 감정이 무엇인지 생각할 필요가 있습니다. 당신의 마음속 컵에 들어있는 감정들을 알아차려야 합니다. 그리고 그 감정을 해소하도록 노력해야 합니다.

누군가 나에게 화를 낸다면

당신이 교사라고 가정하고, 학부모로부터 "선생님, 우리 아이가 아무리 말해도 숙제를 하지 않아요. 선생님이 제대로 지도해주세요"라는 항의를 들었다고 합시다. 숙제는 가정 내의 문제라는 자신의 원칙에 입각해 "숙제는 집에서 해오는 거예요. 그건 부모님께서 지도하셔야죠"라고 응수하거나, "제대로 지도하고 있습니다. 시간이 없으니 먼저 실례하겠습니다"라고 답한다면 어떻게 될까요? 틀림없이 학부모의 분노는 배가 될 것입니다. 그 한마디가 계기가 되어 앞으로 교사로서의 업무를 제대로 수행하기가 어려워질지도 모릅니다.

자신이 화가 났을 때와 마찬가지로, 누군가 내게 화를 낸다면 상대의 1차 감정이 무엇인지 생각해야 합니다.

먼저 상대의 마음속 컵이 가득 차 있음을 의식합니다. 그 사이 시간 간격을 두면 어느 정도 상대의 화를 받아들일 여유가 생길 것입니다. 그다음 상대의 1차 감정이 무엇인지를 생각해 보십시오.

아이가 부모의 말을 잘 듣지 않아서 생긴 불만과 슬픔, 숙제를 하지 않는 아이의 장래를 걱정하는 마음 등이 있을 것입니다. 그 마음에서 더 나아가, 선생에게 품은 불만 등 여러 가지 감정이 뒤섞여 있으리라

짐작할 수 있습니다.

이처럼 우선 상대가 느끼는 감정에 주목해야 합니다. 그 감정이 해소될 수 있도록 해주십시오. 이것은 자신의 기분을 전달하는 것이 아니라, 상대의 기분을 받아들이고(공감), 가능한 범위에서 1차 감정을 해소하도록 도와주는 일입니다.

상대(이 예시에서는 학부모)의 노력을 인정하고, 나아가 불만을 수용합니다. 자신의 기분이 받아들여지면 상대도 침착해져서 당신의 이야기에 귀를 기울일 것입니다. 그러면 서로에게 최선의 대책이 무엇인지 의논할 수 있습니다.

당당하게 그러나 부드럽게 거절하는 법

기왕 시작한 김에 선생님들에게 들려주고 싶은 이야기를 한 가지 덧붙이겠습니다. 교육 정보 사이트 리세맘(Resemom)이 2014년 초중고의 교원을 대상으로 무리한 요구를 하는 부모를 응대한 적이 있는지 물었습니다. 조사 결과 전체의 51%가 있다고 회답했습니다. '자신은 경험한 적 없지만 교내에는 있다(35%)'는 회답을 합치면 86%나 되는 교원이 자신 혹은 교내에 무리한 요구를 하는 부모를 응대한 경험이 있다고 답했음을 알 수 있습니다. 비단 교사뿐 아니라, 불합리한 요구를 받고 분노를 느껴본 경험이 누구나 한 번쯤 있을 것입니다. 이럴 때는 당당한 태도로 거절할 줄도 알아야 합니다. 그러나 어떤 경우든 먼저 이야기를 듣고 상대의 기분을 받아들이는 일부터 시작해야 합니다. 먼저 수용한 다음에 자신의 입장을 밝히는 것이 기본입니다.

아이가 누군가에게 화를 낸다면

아이의 분노 구조도 어른과 다르지 않습니다. 본래 아이들은 안심할 수 있는 장소에서 부족함 없는 상태로 있고 싶어 합니다. 그런데 그것이 어떤 이유로 방해되면 1차 감정이 쌓입니다. 그리고 어느 날 쌓였던 감정이 갑자기 폭발하여 물건을 던지거나, 친구를 때리거나, 난폭한 말

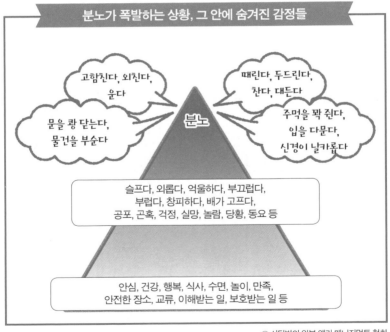

분노가 폭발하는 상황, 그 안에 숨겨진 감정들

고함친다, 외친다, 운다

때린다, 두드린다, 찬다, 대든다

문을 쾅 닫는다, 물건을 부순다

분노

주먹을 꽉 쥔다, 입을 다문다, 신경이 날카롭다

슬프다, 외롭다, 억울하다, 부끄럽다, 부럽다, 창피하다, 배가 고프다, 공포, 곤혹, 걱정, 실망, 놀람, 당황, 동요 등

안심, 건강, 행복, 식사, 수면, 놀이, 만족, 안전한 장소, 교류, 이해받는 일, 보호받는 일 등

ⓒ 사단법인 일본 앵거 매니지먼트 협회

을 내뱉는 등 부적절한 언행으로 나타납니다. 이럴 때 당신이라면 어떻게 반응하시겠습니까?

"물건을 던지면 안 돼!", "어째서 친구를 때리니?"라는 식의 말은 무의미할 뿐 아니라 부작용을 불러오기도 합니다. 매일 혼나기만 하는 아이는 '어차피 나를 알아주지도 않을 텐데'라고 낙담하여 더 심한 문제 행동을 하거나 '나는 안 돼'라는 암시에 걸려 매우 부정적으로 자신을 바라보게 됩니다. 그래서 갱 에이지Gang age(심리적으로 불안정한 초등학교 고학년부터 중학교에 걸친 연령층 − 역주)라고 불리는 초등학교 4학년이 될 무렵에는 마음을 닫아버려 원활한 대화가 이루어지지 않을 수 있습니다.

눈에 보이는 부적절한 행동만이 아니라, 그 근본에 있는 감정에 다가서야 합니다. 그러면 아이를 더욱 깊게 이해할 수 있고, 유대도 깊어질 것입니다.

감정 공부하기,
두 번째: 우리를 화나게 하는 것들

 화가 나기까지, 우리의 마음속에서는 다음과 같은
3단계의 상황이 벌어집니다.

❶ 사건이 일어난다(사건을 인지한다)
❷ 일어난 사건에 대해 의미를 부여한다
❸ 분노의 감정이 끓어오른다

어떠한 상황(현실)에 처하면, 사람들은 자신이 당연하다고 믿는 것과
현실을 대조해보고 화를 낼지 말지 결정합니다. 당연하다고 생각하는
것은 마음속의 원망, 희망, 욕구 등 다양합니다. 가령 '규칙을 지켜야 한
다', '인사를 잘해야 한다', '아침에는 밥을 먹어야 한다' 등이 있습니다.

당신은 어떤 것을 당연하다고 생각하나요? 개개인마다 다양한 종류의 '당연하다고 믿는 것'이 존재합니다.

이처럼 당연하다고 믿는 것이 눈앞에서 부정당하는 순간, 마음속에서 화가 솟아오르기 시작합니다. 지하철 안에서 큰소리로 태연하게 통화하는 사람을 보고 짜증이 솟구쳤다고 가정해 볼까요. 이것은 '지하철 안에서 큰소리로 통화하는 일은 삼가야 한다'는 자신의 상식(당연하다고 믿는 것)에 반하는 행동을 목격했기 때문입니다.

내게 당연한 것이 타인에게 그렇지 않을 수 있다

그러나 '당연한 일'이란 근거가 모호합니다. 당신에게는 당연히 화가 나는 상황이, 상대로서는 도무지 왜 화를 내는지 알 수 없는 상황일 수도 있습니다. 그것은 왜일까요?

첫째, 자신이 당연하다고 믿는 부분이 다른 사람에게 통용된다고 단정할 수 없습니다. 예를 들어 '집에 돌아가면 먼저 숙제를 해야 한다'는 어른의 생각은 '집에 돌아가면 간식부터 먹어야 한다'고 생각하는 아이에게 통용되지 않습니다.

둘째, 당연하다고 믿는 부분이 같아도 그 정도는 사람마다 다릅니다. 예를 들어 '커피에는 설탕을 넣어야지'라고 생각하더라도 한 숟가락이면 된다는 사람이 있고, 세 숟가락이 필요하다는 사람도 있는 것입니다.

셋째, 당연하다고 믿는 부분은 국가나 시대 상황에 따라 변합니다. 예전에는 아이가 가진 물건에 이름을 쓰고, 명찰을 붙이는 일을 철저하게 했습니다. 최근에는 유괴 사건 등의 영향으로 사회적 분위기가 변화하고 있습니다.

개인이 당연하다고 믿는 것들, 즉 나 자신에게 있어 상식적인 일들은 이처럼 불확실하고 쉽게 변할 수 있습니다. 분노는 이 모호한 토대 위에 존재합니다.

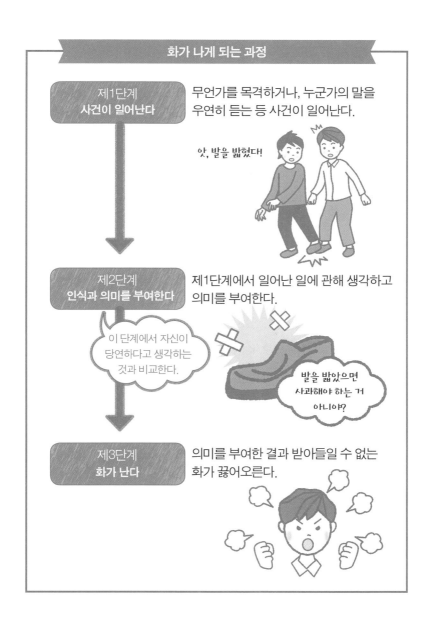

화가 나게 되는 과정

제1단계
사건이 일어난다

무언가를 목격하거나, 누군가의 말을 우연히 듣는 등 사건이 일어난다.

앗, 발을 밟혔다!

제2단계
인식과 의미를 부여한다

제1단계에서 일어난 일에 관해 생각하고 의미를 부여한다.

이 단계에서 자신이 당연하다고 생각하는 것과 비교한다.

발을 밟았으면 사과해야 하는 거 아니야?

제3단계
화가 난다

의미를 부여한 결과 받아들일 수 없는 화가 끓어오른다.

화날 일이 줄어드는 3단계 사고법

우리는 일상생활에서 어떤 일을 접하면 자신이 당연하고 믿는 것과 비교합니다. 그 일은 옆 장의 3개의 동그라미 중 한 지점에 속합니다. 어느 부분에 해당하느냐에 따라 화를 낼 수도 있고, 내지 않을 수도 있습니다.

앞서 설명한 대로 우리가 당연하다고 믿는 것들은 불확실하고 쉽게 변할 수 있습니다. 따라서 그 믿음에 휘둘리지 않으려면 3단계의 노력을 해야 합니다.

첫째, ❶, ❷의 범위를 넓히는 것이 불가능한지 노력해 봅니다.(허용되는 범위를 늘려봅니다.)

둘째, ❶, ❷의 범위가 어느 정도 넓어지면 경계선을 확실히 긋습니

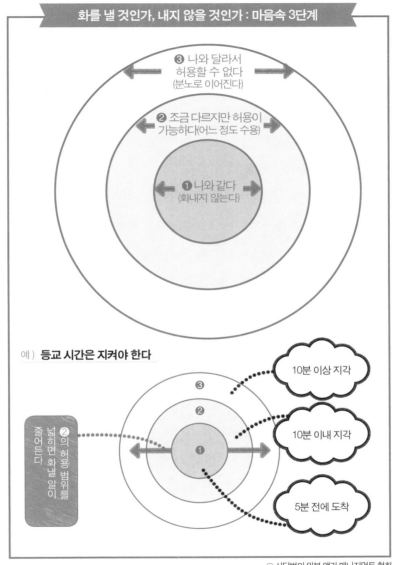

❸ 나와 달라서
허용할 수 없다
(분노로 이어진다)

❷ 조금 다르지만 허용이
가능하다(어느 정도 수용)

❶ 나와 같다
(화내지 않는다)

예) **등교 시간은 지켜야 한다**

❷의 허용 범위를
넓히면 화낼 일이
줄어든다

10분 이상 지각

10분 이내 지각

5분 전에 도착

© 사단법인 일본 앵거 매니지먼트 협회

65

다.(어디까지는 허용할 수 있고, 어디서부터는 화가 나는지 기준을 세웁니다.)

셋째, 다른 사람들에게 자신의 경계선을 보여줍니다.(화내는 기준을 주변에 전달합니다.)

❶은 화내지 않고 넘어갈 수 있는 일은 화내지 않는 단계로, 다시 말해 마음의 그릇을 넓히는 단계입니다.

하지만 단지 범위를 넓힌다고 해결되는 것은 아닙니다. 개인의 상식(당연하다고 믿는 것들)은 지금까지 쌓아온 중요한 가치관입니다. 양보할 수 없는 일은 양보할 필요가 없습니다. 화낼 일과 화내지 않을 일의 경계선을 확실히 긋는 것이 중요합니다.

화를 낼 때는 일관성을 보여야 합니다. '이 사람에게는 화내는 기준이 있다'라는 것이 인식되면, 주변 사람들도 당신의 분노에 당위성을 부여하고, 당신의 경계(화내는 기준)를 넘지 않기 위해 신경 씁니다. 이렇게 하면 화내는 목적을 달성하는 것입니다. 당신이 '문제가 있다(당연한 것에 대한 나의 상식에 반한다)'고 생각한 상황이 바뀌었기 때문입니다. 분노의 목적은 어디까지나 '변화'여야 합니다.

특히 아이에게 화를 낼 때는 경계선을 확실히 보여주고, 일관성 있게 화내는 것이 중요합니다. 정확한 기준의 반복적인 훈육만이 아이의 행동을 실질적으로 변화시킬 수 있습니다.

화나는 감정은 조절할 수 있으며, 결정은 자신의 몫이다

　욱하는 감정이 들면 눈앞의 사람이나 대상을 탓하게 되기 쉽습니다. 그러나 분노의 근원은 다른 사람이나 다른 대상이 아닙니다.

　누군가 혹은 무엇 때문에 화가 발생하는 것이 아니라, 자신이 화를 내기로 결정했기에 분노가 생겨납니다. 이 사실은 매우 다행이라고 할 수 있습니다. 화를 낼지 말지가 다른 사람이 아닌 나 자신의 결정에 달렸다는 것은, 다시 말해 분노는 스스로 조절할 수 있는 것이란 뜻이기 때문입니다.

화를 낼 것인가,
내지 않을 것인가

우리가 욱하는 상황은 크게 4가지로 나눌 수 있습니다. 먼저 자신에게 중요한 일과 중요하지 않은 일을 구분합니다. 그리고 한 걸음 더 들어가서 자신이 그 상황을 바꿀 수 있는지, 바꿀 수 없는지 판단할 수 있습니다. 이 가운데서 우리는 '내게 중요하고, 바꿀 수 있는 일'에만 화를 내야 합니다.

만약 '중요하지만 바꿀 수 없는 일'이라면, 분노를 표출해도 상황이 바뀌기는커녕 오히려 화가 커질 뿐입니다. 그 강해진 분노의 칼끝이 본래의 대상에서 벗어나 다른 중요한 대상을 향할 수도 있습니다. 이런 경우 현실적으로 구체적인 대책을 마련하여 상황을 받아들일 필요가 있습니다.

예를 들어 아이가 놀이터에서 다쳤다면, 화를 낸다고 해서 현실이 바뀌지 않습니다. 분노를 표출하기보다는 어떻게 하면 문제를 해결할 수 있을지에 집중하는 편이 낫습니다.

한편, '중요하지 않은 일'에는 굳이 기운을 쓰며 화낼 필요가 없습니다. 바꿀 수 있는 일이라면, 당장 화를 내기보다는 시간이 있을 때 차차 바꿈으로써 다음번에 다시 화가 나는 일을 방지할 수 있습니다. 심지어 중요하지도 않고 바꿀 수도 없는 일이라면 아예 생각하지 않는 편이 현명합니다.

분노는 에너지를 가지고 있습니다. 우리는 이러한 분노의 힘을 건설적인 종류로 바꾸어 중요하고 바꿀 수 있는 일에 사용해야 합니다. 그것이 가능하냐고요? 물론입니다. 심지어는 언제, 어떻게, 어느 정도 바꿀지 결정하고 행동으로 옮길 수도 있습니다.

다음 페이지의 차트를 참고하여 자신이 느끼는 분노의 종류를 분류해 보면 그 해답을 찾을 수 있을 것입니다.

분노 감정의 종류를 분류해 보자

바꿀 수 있는 것 (통제 가능)	바꿀 수 없는 것 (통제 불가)
가장 중요함	**중요함**
바꾼다 언제, 어떻게, 어느 정도 바꿀지 결정한다	**받아들인다** 현실적으로 구체적인 대책을 찾는다
중요하지 않음	**전혀 중요하지 않음**
시간이 있을 때 바꾼다	생각하지 않는다

ⓒ 사단법인 일본 앵거 매니지먼트 협회

욱하기 전에,
6초 법칙을 기억하라

화는 잘 내면 상황을 변화시키고, 우리가 성숙하는 데 일조합니다. 그러나 결코 바람직하지 않은 화도 존재합니다. 바로 반사적으로 욱하는 것입니다.

아이가 마음에 들지 않는 행동을 했을 때, 몇 번이고 주의를 줬는데도 불구하고 거듭 잘못하거나 실수하는 것을 보았을 때, 나도 모르게 호통부터 나온 경험이 있을 것입니다. 반사적으로 욱하는 전형적인 경우입니다.

그러나 화나는 감정이 행동으로 표출될 때 가장 피해야 하는 것이 반사적인 행동입니다. 비단 아이와의 관계에서뿐 아니라, 일반적인 갈등 상황에서도 마찬가지입니다. 무심결에 욱해서 한 행동, 상대의 폭언(폭력)에 폭언(폭력)으로 대응하는 등의 행동으로 소중한 것을 하루아침에

잃어버리는 경우가 너무나도 많습니다. "나도 모르게 그렇게 되었어요"라고 하면 마치 어쩔 수 없었다는 듯 들리지만, (앞서도 말했듯) 화를 낼지 안 낼지는 스스로 결정하는 것입니다.

도쿄도 교육 위원회가 2013년에 발생한 도내 공립학교의 체벌 실태를 파악한 결과, "(아이의 태도로 인해) 감정적으로 반응했다" 등 자기 감정을 통제하지 못해 벌어진 사안이 많았다고 합니다. 이렇게 반사적으로 화를 내면 체벌당하는 입장에서는 반발심이 들 수밖에 없습니다. 아이를 좋은 방향으로 변화시키기는커녕 반발로 인해 역효과를 낼 가능성이 더 큽니다.

교사가 순간적으로 욱한 나머지 학생에게 반사적 분노를 표출했다면, 결코 좋은 교육자라 할 수 없을 것입니다. '나도 모르게 욱해서 어쩔 수 없었다'는 자질 부족을 신고하는 말일뿐입니다. 이 말에 교사가 아닌 부모, 어른, 여타 사회적 지위 등 무엇을 대입하더라도 마찬가지입니다.

분노의 지속 시간은 단 6초

최대한 제어해야 할 반사적인 분노는 문제 순간으로부터 6초 동안에 발생합니다. 분노가 발생하는 과정에는 이렇게 규칙성이 있습니다. '고작 6초야?'라고 생각한다면, 반드시 시계의 초침을 보면서 6초를 세어 보기 바랍니다.

상대가 나의 상식에 반하는 행동을 했을 때, 6초라는 시간은 매우 길게 느껴질 수밖에 없습니다. 화가 최고조로 지속되는 6초를 어떻게 보낼지, 어떤 기술을 이용해 분노 감정을 극복할지 방법을 찾아내는 것이 감정 조절의 열쇠입니다. 이 방법은 4장에서 다채롭게 소개할 것입니다. 평소 생활 속에서 꼭 활용하기 바랍니다.

이런 말이 튀어나올 때는
6초만 기다려라

6초는 길면서도 짧은 시간입니다. 고통을 참거나, 감정을 인내하는 순간 6초는 길게 느껴지지만, 평상시의 6초는 인지하지 못하는 사이에 지나가는 짧은 순간에 불과합니다. 한편, 분노 조절에 있어 6초는 마법의 시간이라 할 수 있습니다. 마음의 불길을 잡고 이성을 되찾아주는 시간이기 때문입니다. 잘못된 방식으로 화를 내서 후회할 일을 줄여줍니다.

특히 다음의 3가지 방식으로 화를 내고 싶다면, 6초의 법칙을 기억하고 반드시 6초를 기다리십시오.

- 상대방의 인격을 부정하고 싶을 때
- 과거의 일을 끄집어내고 싶을 때

• 지난번과 화내는 기준이 달라졌을 때

상대방의 인격을 부정하고 싶을 때

우리는 누군가에게 화낼 때 "너는 정말 안 되겠구나", "칠칠치 못하게!", "근본부터 글러 먹었어"라는 식으로 엉겁결에 마음에도 없는 소리를 내뱉곤 합니다. 그런 말을 들은 상대가 '당신이 틀렸다는 걸 보여주겠어'라는 마음을 먹고 건설적으로 발전해 나가면 더할 나위 없이 좋겠지만, 불행히도 대부분은 그러지 못하고 자신을 책망합니다. 특히 부모와 교사에게 인격을 부정당하면 마음의 상처가 평생 흉터로 남습니다.

후쿠이 대학의 도모다 아케미(友田明美) 교수는 2003년부터 9년 동안 미국 하버드 대학과 공동으로 학대와 뇌의 관계를 연구했습니다. 그 결과 학대로 인해 뇌가 손상된다는 사실을 밝혀내고, 학대의 유형에 따라 뇌가 손상되는 부위를 다음 ❶~❹의 패턴으로 분류했습니다.

❶ 심한 체벌로 인한 전전두피질prefrontal cortex의 위축 : 유년기에 오

랜 기간 심한 체벌을 받으면 감정과 이성을 담당하는 전전두피질이 약 19% 위축된다.

❷ 폭언과 학대에 따른 청각피질auditory area의 확대 : 유년기에 폭언으로 인한 학대를 받으면 대화와 언어를 담당하는 청각피질의 일부가 약 14% 확대된다.

❸ 성적 학대에 따른 시각피질visual cortex의 위축 : 유년기에 성적 학대를 받으면 시각을 담당하는 시각피질이 약 18% 위축된다.

❹ 부모의 가정폭력을 목격하는 데 따른 시각피질의 위축 : 유년기에 빈번하게 부모의 가정폭력을 목격하면 시각피질의 일부가 약 6% 위축된다.

출처 〈학대로 인해 뇌가 손상되는 충격 데이터 : 20%에 가까운 위축까지〉 (AERA 2015년 4월호)

말은 어떻게 쓰느냐에 따라 흉기가 되기도 하고 더없이 소중한 보물이 되기도 합니다. 그러니 이번 기회에 반드시 모범이 될 만한 표현을 쓰도록 노력해 봅시다.

과거의 일을 끄집어내서 화내고 싶을 때

  화가 나면 흔히 나오는 레퍼토리 중 하나가 "그때 그랬었잖아?", "넌 항상 이런 식이야"라는 말입니다. 이런 말에 과연 어떤 의의가 있을까요? 사람은 과거로 돌아갈 수 없습니다. 과거에 일어난 일을 들춰낸다고 해도 상대는 궁지에 몰린 기분이 들뿐입니다.

  이런 경우의 감정 조절은 '솔루션 포커스Solution focus' 방식을 이용합니다. 솔루션 포커스란 바꿀 수 있는 미래에 주목하여 문제 해결에 힘을 쏟는 사고방식입니다. 다른 말로 미래 지향, 해결 사고라고도 불립니다.

  예를 들어, 급식 당번이 배식해야 할 반찬을 쏟았다고 합시다. 그때 "왜 쏟은 거야?"라고 화낼 수도 있지만, 화를 낸다고 엎어진 반찬이 본래대로 돌아갈 수는 없습니다.

  솔루션 포커스의 사고방식은 이렇습니다. 먼저 지금 벌어진 사태를 수습합니다. 이 사례에서는 쏟은 반찬을 청소하고, 엎어진 양만큼 반찬을 보충하도록 급식실에 가서 요청하면 됩니다. 그리고 앞으로 같은 사태가 발생하지 않도록 할 방법을 생각합니다.

중요한 점은 '왜'가 아니라 '어떻게 해야 할까?'라는 시점에서 바라보는 일입니다. 이렇게 바꿀 수 없는 과거보다 바꿀 수 있는 미래로 눈을 돌려야 합니다.

지난번과는 화내는 기준이 달라졌을 때

오늘은 아이가 깜박 잊고 숙제를 안 해왔어도 웃어넘겼는데, 내일은 180도로 달라져 심하게 화를 낸다면? 이렇게 같은 문제를 놓고도 기분 내키는 대로 화를 낸다면 주변 사람들은 농락당하는 기분을 느낍니다. 따라서 무슨 일에 화가 나는지 스스로 기준을 세울 필요가 있습니다. 그다음 화낼 일은 화내고 화낼 일이 아니면 화내지 않기로 다짐한 뒤 흔들림 없이 철저히 지켜야 합니다.

아울러 자신의 기준을 주변 사람에게 전달하도록 노력합시다. 그러면 주변 사람들은 그 기준에 맞게 행동할 수 있습니다. 어른이 흔들리지 않으면 아이 또한 참을 땐 참고, 화낼 땐 후회 없이 잘 화내는 방법을 배울 수 있습니다.

감정의 기록,
앵거로그란?

순간적으로 치밀어 오르는 화를 누르고 싶어도 참기 힘들어하는 사람이 많습니다. 화가 끓어오르면 그러한 분노를 촉발한 1차 감정, 즉 슬픔과 외로움, 절망감, 배신감 등 여러 가지 감정이 함께 솟구쳐 마음의 눈이 멀게 됩니다.

이럴 때 상황을 냉정하게 파악하고, 순간적으로 솟아오른 다양한 감정을 정리하는 데 앵거로그Anger Log가 도움이 됩니다. 앵거로그는 직역하면 '분노의 기록'으로, '감정 일기'라고도 할 수 있습니다. 글을 쓰면서 화가 난 순간 자신이 느꼈던 감정을 깨닫고, 대처법을 생각하기 위한 방법입니다. 기록해놓은 내용은 욱하는 감정을 최선의 방법으로 승화시키는 단서가 됩니다.

앵거로그를 이용하면 자신의 마음 깊은 곳에 있는 진실한 기분을 냉정하게 바라볼 수 있습니다. '괴로웠다, 외로웠다, 슬펐다, 좀 더 마음을 써주기를 바랐다'와 같은 1차 감정이 형태를 바꾸어 욱하는 감정으로 나타났다는 사실을 깨달을 수 있습니다.

감정 기록의 놀라운 효과

앵거로그는 아이들도 작성할 수 있습니다. 화가 나는 상황에서나, 혹은 그 상황이 지난 후에 차분히 앉아 마음속에 느껴진 기분을 써보는 것입니다. 글로 자신의 감정을 표현하지 못하는 연령이라면, '감정 그림일기'를 써보는 것도 방법입니다.

이런 감정 일기를 쓰다 보면 욱하는 일이 점차 줄어들뿐더러, 자신의 감정을 표현하는 데 능숙해지고 어휘력 또한 눈에 띄게 늘어납니다. 나아가 무작정 화를 내고 보는 것이 아니라, 침착하게 자신이 원하는 것에 대해 주장을 펼칠 수 있게 됩니다.

화나는 일을 겪은 날에는 앵거로그를 작성하는 습관을 들이십시오(자세한 방법은 89쪽 참조). 앵거로그를 쓰는 데 익숙해지면 화가 나는 상황에서도 자연스럽게 자신의 감정을 살필 수 있습니다. 지금 순간적으로 치밀어 오른 것은 분노이지만, 실제로 자신의 진실한 감정은 어떤 것인지, 상대에게 원하는 것이 무엇인지를 생각할 수 있습니다. 그러는 동안에 자연스럽게 6초가 흘러가고, 마음이 다소 진정되며 냉정을 되찾게 됩니다.

감정 조절을 도와주는 일상생활의 팁

마음의 건강을 지키는 수면 습관

수면 부족은 감정 조절력을 떨어뜨린다. 일본 후생노동성이 발표한 〈건강해지기 위한 수면 지침 2014〉 '제1조 양질의 수면으로 몸도 마음도 건강하게'에 따르면, "심신에 장애가 없는 사람을 대상으로 수면을 박탈하는 실험을 했더니 신체의 고통 호소, 불안, 억울, 피해망상이 발생했고, 증상은 더욱 악화되어 감정 조절력이나 건설적 사고력, 기억력 등 마음의 건강을 지키는 데 중요한 인지 기능이 저하됐다는 결과가 나왔다. 또한 수면 부족은 감정 조절이나 수행 능력을 담당하는 전전두피질과 대뇌변연계의 대사 활성을 저하해 스트레스 호르몬인 코르티솔의 분비량을 증가시킨다는 결과가 나왔다"고 한다.

미 국립수면재단National Sleep Foundation에 따르면 추천 수면 시간은 3~5세는 10~13시간, 6~13세는 9~11시간이다.

※ 필요한 수면 시간은 개인차가 있다. 표준으로 참고하기 바란다.

감정 조절에 도움이 되는 음식

식사에 관한 내용은 매우 중요하다. 무엇을 얼마나 먹어야 하는지 생각하는 일은 바른 식생활 교육을 하는 데 도움이 된다. 다음과 같은 식재료를 이용해서 분노 조절에 도움이 되는 메뉴를 만들어봐도 흥미로울 것이다.

칼슘 ➡ 심장박동을 규칙적으로 하고 근육의 수축을 원활하게 하는 작용이 있다. 기분을 안정시켜 초조함을 억제한다.

★ 우유, 유제품, 잔 물고기, 두부 등

비타민B ➡ 피로와 나른함을 덜어주고 몸을 활기차게 하는 작용이 있으며, 거친 피부와 구내

염에도 효과적이다.

★ 우유, 유제품, 돼지고기, 가다랑어, 낫토, 마늘, 현미 등

마그네슘 ➡ 정신적인 흥분을 억제하고 불안감과 두통 등을 해소하는 데 도움이 된다(강한 스트레스를 받으면 소변 중에 배출된다).

★ 말린 미역, 말린 녹미채, 말린 오징어, 아몬드, 콩 등

단백질 ➡ 단백질이 부족하면 근육량이 줄어들어 활력이 떨어지고, 뇌 기능이 저하되어 기억력과 집중력이 떨어진다.

★ 우유, 유제품, 참치의 붉은 살, 달걀, 콩, 낫토 등

마음의 공간을 넓혀주는 웃음

우리에게 웃음은 매우 중요하다. 우리의 몸과 마음에서 웃음이 작용하는 대상은 크게 3가지다.

첫째는 자율신경으로, 웃음에는 자율신경을 활성화하는 힘이 있어서 몸과 마음의 활동 상태와 휴식 상태의 전환을 원활히 해준다.

둘째는 뇌로, 뇌내 마약이라고 불리는 도파민과 엔도르핀의 분비를 촉진하며, 뇌내 혈류량을 증가시키는 작용도 있다.

셋째는 면역력이다. 웃음에는 면역 세포인 NK Natural Killer 세포를 활성화하는 작용이 있다. 또한 감정 피드백이라는 이론에 따르면, 인위적인 웃음이라도 웃는 효과가 있다고 한다. 웃는 표정으로 얼굴 근육을 움직이면 뇌에 '지금 즐겁다'라는 신호가 전송되어 그 결과 기분도 즐거워진다는 것이다. 이렇게 웃음에는 이로운 점이 있으므로 평상시 자주 웃어 보자.

2장

내 아이 코칭을 위해
엄마가 먼저 해야 할
감정 공부

기초 지식 편

성질을 알아야 다스릴 수 있습니다.
욱하는 감정 또한 마찬가지입니다.
화나는 감정의 성질과 특징을 알고
그것을 활용하여 감정을 조절하는
기초 지식들을 설명하겠습니다.

감정을 알아차리기 :
앵거로그

마음속 작은 컵에 다양한 감정이 차올라 넘쳐흐를 정도가 되었다면, 가장 먼저 해야 할 일은 그 컵 안에 들어있는 감정들을 살펴보는 것입니다. 무엇이 들어있는지를 알아야 그것을 해소하고, 컵 속 감정의 수위를 낮출 수 있습니다. 이를 위한 첫 번째 방법은 앞장에서 소개한 앵거로그(감정 기록)를 활용하는 것입니다.

자신의 분노 포인트를 확인하라

평상시 자주 짜증을 내고 후회하나요? 또 자신은 의식하지 못했는데 상대로부터 "왜 이렇게 짜증을 내?"라는 말을 자주 들었다면, 우선 어떤 일에 화를 내고 있는지 알아야 합니다.

앵거로그는 화나는 감정을 느꼈을 때 그에 관해 기록하는 것입니다. 항목별로 간단하게 기록해도 상관없지만, 노트나 메모장을 마련하여 욱하는 감정을 느낄 때마다 쓰는 것을 추천합니다.

가능하면 화가 낫을 때 즉시 기록하는 것이 바람직하지만, 매일 밤에 정리해서 써도 문제없습니다. 일단은 자신의 화를 기록한다는 사실이 중요합니다. 그렇게 하면 눈앞에서 발생하는 상황에 냉정해지고, 분노 감정을 이해할 수 있습니다.

앵거로그로 감정의 브레이크를 만들어라

앵거로그 작성을 지속적으로 하면 자신이 언제 자주 화를 내는지, 어떤 일에 자주 화를 내며, 누구에게 자주 화를 내는지 등 분노 경향을 알 수 있습니다. 이렇게 화나는 기분을 기록하다 보면 분노 상황에 대비할 수 있습니다.

또한 앵거로그는 범위를 좁혀 작성함으로써 활용할 수도 있습니다. 예를 들어 자녀(또는 배우자, 친구, 동료 등)에게 자신도 모르게 욱하는 것

앵거로그

월 일 시	일어난 사건	내가 한 행동이나 말	상대에게 바랐던 점
1차 감정			
분노 점수 (점)			

※ 항목은 자신이 점수를 매기기 쉽도록 변형해도 좋습니다.
※ 종이가 아니라 스마트폰이나 컴퓨터 등 어디에 기록해도 상관없습니다.
※ 분노 점수는 91쪽의 설명을 참조합니다.

이 고민이라면, 아이에게 주로 언제, 아이가 어떤 행동을 할 때 화가 치솟으며 그 순간 아이가 무엇을 어떻게 하길 바랐던 것인지를 기록합니다. 이 기록을 토대로 하면 같은 상황을 다시 마주하더라도 욱하는 감정을 빠르게 알아차리고 조절할 수 있습니다.

앵거로그를 작성할 때 주의할 점

첫째, 시간을 오래 들여 쓰지 않도록 합니다. 느긋하게 쓰면서 그 상황을 떠올리다 보면 다시 화가 날 수 있기 때문입니다.

둘째, 시간을 거슬러 올라가 쓰는 것은 최대 일주일 전까지의 일로 한정합니다. 앞의 이유와 마찬가지인데, 1년이나 2년 전의 일로 인해 다시 화가 날 필요가 없습니다.

셋째, 우울할 때는 무리해서 쓰지 않도록 합니다. 한층 더 침울해질 수 있기 때문입니다.

아이가 앵거로그를 쓸 때도 위와 같은 점을 주의하여 지도하는 것이 좋습니다. 특히 우울한 표정으로 쓰기를 주저하거나 원하지 않는다면 강요하지 않아야 합니다.

감정을 수치화하기 :
스케일 테크닉

분노는 폭이 넓은 감정입니다. 단순히 화난 상태와 화나지 않은 상태, 두 갈래로 나뉘는 것이 아니라 가벼운 분노, 중간 정도의 분노, 강한 분노가 있습니다. 10점 만점으로 점수를 설정하고 분노를 수치화하면 감정 조절에 큰 도움이 됩니다.

이것은 스케일 테크닉Scale technique이라는 기술로 앵거로그(89쪽)와 함께 사용하면 매우 효과적입니다. 10점을 '인생 최대의 분노'로 두고, 9점, 8점, 7점……이라는 식으로 분노의 레벨을 10단계로 나누어 느껴진 분노의 강도를 생각해 봅니다.

참고로 10점은 '인생 최대의 분노'이므로 하루에 몇 번씩 느낄 리가 없습니다. 있어도 평생에 한 번이거나, 분노에 내성이 강한 사람은 경험한 적이 없을 정도로 강한 분노입니다.

사람은 자신의 분노를 정당화하는 경향이 있어서 필요 이상으로 지나치게 화내곤 합니다. 눈에 보이지 않는 것은 컨트롤하기가 힘들지만, 분노를 수치화하면 얼마나 화가 났는지 객관적으로 알 수 있고, 자신의 분노를 정확하고 냉정하게 측정할 수 있습니다. 나아가 지속적으로 기록하면 자신이 느낀 분노의 강도에 맞게 화낼 수 있습니다.

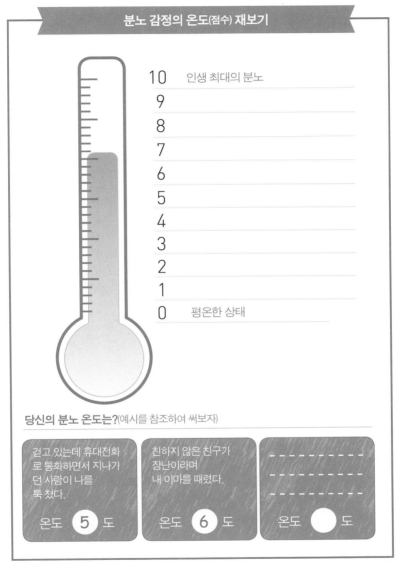

분노 감정의 온도(점수) 재보기

10 인생 최대의 분노
9
8
7
6
5
4
3
2
1
0 평온한 상태

당신의 분노 온도는?(예시를 참조하여 써보자)

걷고 있는데 휴대전화로 통화하면서 지나가던 사람이 나를 툭 쳤다.	친하지 않은 친구가 장난이라며 내 이마를 때렸다.	- -
온도 **5** 도	온도 **6** 도	온도 ◯ 도

ⓒ 사단법인 일본 앵거 매니지먼트 협회

분노의 최종 목적지는
행복이어야 한다

아이가 식탁에서 장난을 반복하다 뒤로 넘어지는 바람에 머리를 약간 다쳤다고 가정해 봅시다. 당신은 이로 인해 무척 화가 났습니다. 자칫하다가는 심각한 사태를 초래할 수도 있었던 터라, 부모 입장에서는 방치할 수 없는 상황입니다. 그래서 이런 일이 두 번 다시 반복되지 않도록 크게 혼을 냈습니다.

위와 같은 상황에서, 화를 낸 뒤의 결과가 어떻게 되어야 만족스러울까요? 아이가 눈물 콧물을 빼며 우는 모습으로 끝난다면, 이것은 과연 적절하게 화를 낸 것이라 할 수 있을까요?

일어난 일은 바뀌지 않는다

앞으로 같은 일이 일어나지 않는 것, 그것이 가장 바람직하다고 생각하지 않습니까? 우리가 화를 내는 까닭은 자신이 당연하다고 믿는 상식에 위배된 상황에서, 어떤 행동을 통해 그것을 이루려 하기 때문입니다. 만약 변화를 이끌어내지 못하고 단순히 상대를 책망하는 수준에 그친다면 의미가 없습니다.

다시 앞의 상황으로 돌아가 봅시다. 부모 입장에서는 밥상머리에서 장난치며 노는 것이 문제 행동일 수 있습니다. 그러나 아이 입장에서 놀이와 장난으로 에너지를 발산하는 것은 그 나이의 당연한 행동입니다. 왜 놀이의 장소를 제한하는 것인지도 이해할 수 없을 것입니다.

부모로서는 당연하다고 믿는 것에 근거하여(밥상 앞에서는 장난을 치지 않는다, 위험한 장난은 하지 않는다) 화를 냈지만, 아이 입장에서는 안 그래도 다쳐서 아픈데 억울하게 혼난 것으로 느껴집니다. 겉으로는 잘못했다고 말해도, 마음속으로는 원망할지 모릅니다. 아이를 걱정하는 마음에서 혼을 낸 부모의 마음과는 완전히 다른 방향으로 받아들여지는 것입니다. 아이에게 화를 낸 목적이 원망을 사거나 마음에 상처를 주기 위한 것은 결코 아닌 데 말입니다.

분노의 최종 목적지는 어디인가

그러므로 화내기 전에는 분노의 최종 목적지를 한 번 더 생각해야 합니다. 혼내는 것이 과연 좋은 결과를 불러올 것인지 고민할 필요가 있습니다. 만약 자신의 진정한 의도나 진심과는 다르게 상대에게 반발감과 적대감만 불러일으킨다면, 또는 그 결과 자신에게 불이익이 올 것이 예상된다면 욱하는 감정을 다스리고 잘 판단해야겠습니다.

상담했던 사례 중에 엄마와의 갈등으로 어긋난 행동을 하는 여학생이 있었습니다. 엄마는 상당한 원칙주의자로, 아이에게도 엄격한 잣대를 적용하여 조금만 벗어나도 욱하는 타입이었습니다. 부모 입장에서는 아이를 바르게 키우고자 한 것일 테지만, 아이는 별것 아닌 일탈에도 화를 내는 엄마에게 반항심만 커졌습니다. 몇 번의 대화가 큰 다툼으로 끝을 맺자 아이는 가출을 시도하기에 이르렀습니다.

아이가 엄마의 상식에 반하는 행동을 했을 때, 엄마의 기준으로 볼 때는 일탈적인 행동을 했을 때, 화가 나는 것은 당연히 아이의 장래를 걱정한 까닭입니다. 그러나 그 진정한 의도가 전해지지 못하고 단순히 화나는 감정을 표출하는 데만 그친다면, 엄마의 바람과 달리 그 분노는 아이에게 좋은 영향을 미치지 못합니다. 도리어 자녀와의 사이만 멀어지게 될 수 있습니다.

화를 낼 때 내더라도, 최종 목적지가 행복이라는 사실을 잊지 말아야
겠습니다.

아이의 그릇을 키워주는
관계 교육

상대가 나의 상식(이때의 상식이란 사회적 상식이라기 보다는 개인적인 상식, 즉 자신의 기준에서 당연하다고 믿는 것들을 말합니다)에 어긋나는 행동을 하면 우리는 분노를 느낍니다. 그러나 주변에 자기 뜻과 맞는 사람만 두기란 불가능에 가깝습니다. 당연하다고 믿는 상식은 사람마다 다르기 마련입니다. 인생은 가치관이 다른 상대와도 잘 어울리며 살아가야 하는 것입니다.

이것은 어른에게도 쉽지 않은 이야기입니다만, 어린아이라 해도 이러한 사실을 깨닫도록 해야 합니다. 감정 조절 훈련은 일찌감치 인간관계에 대해 열린 사고를 가지도록 도와줍니다. 이렇게 하면 아이의 향후 인생은 더욱 평온하고 원만할 수 있습니다.

사람들은 모두 각자의 상식을 가지고 있다

'내 마음을 왜 이렇게 모를까?'

누군가에 대해 이렇게 생각한 적이 있습니까? 하지만 타인의 개인적인 상식 또한 그가 살아온 인생 경험을 토대로 확립된 중요한 가치관입니다. 모든 사람의 가치관은 존중되어야 하며, 그 가치관이 확립된 데에는 어떤 근거가 있습니다. 그 근거를 이야기하다 보면 서로 이해할 수 있고 상대로 인해 화날 일이 줄어들 것입니다.

나와는 다른 경험과 가치관을 가진 사람들이 존재하고 있음을 인식하는 것은 그 자체로도 도움이 됩니다. '한 사람의 인생을 이해하면 그를 싫어할 수는 있어도, 미워할 수는 없어진다'는 말이 있습니다. 이 세상에 나와는 완전히 다른 상식과 가치관을 가진 사람이 수없이 많다는 것을 인정하면 욱할 일이 줄어듭니다.

아이들도 같은 생각을 할 수 있습니다. '왜 쟤는 나처럼 생각하지 않을까?', '왜 내 마음을 알지 못하지?' 같은 생각을 아이들도 합니다. 엄마 아빠가 모두 다르듯이, 친구들은 서로 다른 환경에서 살아가며, 다른 생각을 가지고 있다는 걸 알려주십시오. 그 친구가 어떤 생각을 가지고 있는지 알면 서로 잘 지낼 수 있다는 점을 들어 소통을 유도합니다.

다가서도 좋고, 거리를 둬도 좋다

각자가 자신이 당연하다고 믿는 부분만을 계속 주장하면 닿을 수 없는 평행선 위에 놓이게 됩니다. 상대의 생각 중 받아들일 부분은 없을까요? 상대를 받아들이고 서로 존중하면서 다가선다면 매사가 더욱 바람직한 방향으로 향할 것입니다.

아이에게 내 생각을 지킬 수도 있고, 상대와 거리를 둘 수도 있다는 점을 알려주십시오.

아무리 해도 자신의 생각이 옳다고 여겨진다면 그 생각을 지키면 됩니다. '이것은 화를 낼 만한 일'이라고 생각하면 화내면 되는 것입니다. 분노 조절은 분노를 느꼈을 때 화내든 화내지 않든 후회하지 않게 하려는 데 목적이 있습니다. 따라서 상대가 당연하다고 믿는 부분과 도저히 양립할 수 없다고 판단되면 거리를 두는 것도 한 방법입니다.

어떤 선택을 하든 괜찮다

우리는 상대에게 다가설 수도 있고, 자신의 상식을 고수할 수도 있습니다. 상대와 거리를 둘 수도 있고, 상대에게 맞출 수도 있습니다. 무엇을 선택하든지 자유입니다. 그러나 자신이 당연하다고 믿는 부분도, 상대가 당연하다고 믿는 부분도 소중합니다.

화를 내든 내지 않든, 자신의 행동이 도달해야 할 최종 목적은 행복이라는 사실을 잊지 않아야 합니다. 또한 화는 상대를 상처 입히거나 단순히 기분을 풀기 위해서 내는 것이 아닙니다. 자신의 의사를 전달함으로써 바람직한 결과를 얻을 수 있어야 합니다. 어려서부터 이 사실을 깨달으면 배려 깊으면서도 강단 있는 아이로 자라날 것입니다.

욱하는 감정에는
특징이 있다

지금까지 분노 감정이란 무엇인지, 그리고 화나는 감정을 조절하기 위해 알아야 할 기초 지식을 설명했습니다. 본격적인 감정 코칭법을 배우기에 앞서, 알아두면 도움이 되는 분노의 다섯 가지 성질을 살펴보겠습니다.

가까운 사이일수록 강해진다

당신은 주로 누구에게 짜증을 내나요? 부모, 배우자, 자녀, 동료, 상사 …… 등 아마 주변의 가까운 사람이 떠오를 것입니다. 그야말로 '분노는 가까운 사이일수록 강해진다'는 성질을 보여줍니다. 친한 사람일수

록 자기 이야기를 잘 들어줄 것으로 기대하기 때문입니다. 그러나 상대
도 상대의 사정이 있으므로 내가 말하는 바를 다 들어준다고 단정할 수
없습니다. 당연하다고 믿는 상식이 서로 다르면 공감하기 어렵기도 합
니다. 가까운 사이인데도 귀를 기울이지 않거나 공감해주지 않으면, 그
로 인해 분노가 더욱 강해집니다.

　반대로, 누군가 내게 짜증을 내고 분노를 자주 표현한다면 그것은 나
에게 애정과 신뢰를 가지고 있다는 반증으로 볼 수도 있습니다. 필자
역시 최근 사춘기에 접어들어 부쩍 짜증이 많아진 딸을 보고 있으면,
안심하고 내게 분노를 표현하는 모습에 행복을 느끼기도 합니다. 이와
같은 분노의 특성을 이해하면 가까운 가족이나 친구의 짜증이나 분노
에 대한 이해가 높아지며, 맞서 싸울 일이 줄어듭니다.

높은 곳에서 낮은 곳으로 흐른다

　분노는 연쇄적으로 일어납니다. 가령 직장 상사에게 혼이 나서 불쾌
한 기분으로 집에 돌아왔다가 무심결에 그 분노를 가족에게 쏟아내는
일이 있습니다. 그렇게 불똥이 튄 사람은 자기보다 입장이 약한 상대를
찾아 공격합니다. 약자는 더 약자를 찾고, 더 약자는 자신보다 하위의

대상을 공격합니다.

가정에서는 절대적으로 강자인 어른이 분노에 사로잡히면 그 분노가 약자인 아이를 향하기 쉽습니다. 이 책을 통해 분노 조절을 이해했다면 부디 분노의 연쇄를 끊어내는 방향을 선택하기 바랍니다.

분노의 칼끝은 고정할 수 없다

연쇄적으로 발생하는 분노는 바꿔 말하자면 화풀이라고 할 수 있습니다. 화풀이의 대상은 무차별적이며, 대개의 경우 '그 순간 눈앞에 있는 상대'입니다. 실제로 증오나 분노로 인한 묻지 마 범죄가 사회 문제가 되고 있습니다. 가해자는 "화가 나서 그랬다"라고 하지만, 피해자는 가해자와는 일면식도 없는 사람인 경우가 대다수입니다. 마음속 분노가 커진 나머지, 그 분노의 칼끝이 엉뚱한 곳을 향한 것입니다.

쉽게 전염된다

분노는 이동합니다. 예를 들어 회의에서 누군가가 짜증을 내면 그 자리의 분위기가 나빠지고 일이 엉망이 됩니다. 아이에게 화를 내지 않더라도, 아빠가 엄마에게 화를 내면 온 가족의 기류가 냉각됩니다. 이처럼 다른 감정과 비교해도 분노는 훨씬 격렬한 감정이므로 더욱 빠르고 강하게 이동합니다.

행동하기 위한 동기를 부여한다

분노의 힘을 좋은 방향으로 돌리면 바람직하게 행동하도록 동기를 부여할 수 있습니다. 가령 철봉에 매달리기를 못해 놀림당했다면 할 수 있을 때까지 열심히 연습할 의욕이 생기기도 합니다. 이는 분노가 동기 부여로 바뀐 좋은 예입니다.

화나는 감정의 구조를 파악하고 먼저 어른이 분노 조절을 받아들이면 어떨까요? 그런 후 아이를 인도해야 합니다. 분노의 힘을 건설적으로 사용하면 올바른 연쇄 작용이 발생할 것입니다.

부정적인 감정을 조절하기 : 셀프 스토리

지금부터는 기본적인 감정 조절법을 배워보겠습니다. 이른바 셀프 스토리Self story라는 기법으로, 상상하는 미래 자신의 모습을 이야기로 작성하는 일입니다. 언뜻 생각하면 화나는 감정과 무슨 관계가 있을까 의문이 들겠지만, 부정적인 감정을 조절하는 데 상당히 도움이 됩니다.

나만의 셀프 스토리를 만들어라

108쪽의 그림처럼 우상향 하는 기준선의 종점에 목표를 적습니다. 그 위에 물결선을 그리고, 일어날 만한 일들을 기재합니다.

필자는 분노 조절을 처음 접한 강좌에서 이 셀프 스토리를 썼습니다. 당시 필자는 매우 감정적이라서 기분을 조절하는 데 어려움을 겪고 있었습니다. 제가 참가했던 이틀간의 강좌는 분노 조절 방법을 전파하는 퍼실리테이터가 되기 위한 것으로, 그때는 사람들 앞에 나서서 이야기할 수 있으리라곤 생각지도 못했습니다.

어쨌든 자신의 이야기를 써야 했기에 일단 다음과 같은 스토리를 썼습니다.

- 일 년 후, 시에서 주최하는 분노 조절 강좌에서 강연한다.(목표)
- 그러기 위해 수강 4개월 후 조리 있는 말솜씨를 갖춘다(강사 경험도 없었는데 이런 말을 썼습니다). 처음 한두 번의 강연은 실패하지만, 3~5회 강연하는 동안 말하는 데 익숙해져서 마침내 강연장과 일체가 된다.
- 수강 10개월 후 추운 겨울 기간에는 집에 머문다. 하지만 정기적으로 강좌를 개최하는 동안 오름세와 하락세를 거치며 목표를 향한다.

이로부터 4개월 후, 강좌를 맡는 일은 꿈도 못 꾸었던 필자가 실제로 첫 강좌를 열었습니다. 셀프 스토리에 쓴 것보다 조금 늦어졌지만 2년 후에는 시에서 주최하는 강좌에서 강연할 수 있었습니다.

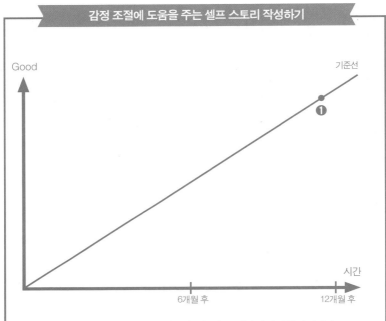

세로축은 점점 좋아지고 있음을 나타내며, 가로축은 시간의 경과를 나타낸다.
❶에 목표를 적은 후 기준선 위에 무작위로 물결선을 그린다.
물결 선 곳곳에 점을 찍고, 앞으로 일어날 사건을 써 나간다.

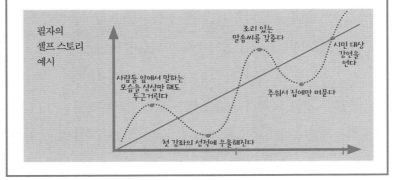

지금은 직업적으로 분노 조절을 전파하고 있습니다. 맨 처음에는 4명이었던 수강자가 지금은 200명을 넘어가기도 합니다. 이처럼 셀프 스토리는 저의 현실이 되었습니다.

원하는 내가 되는 연습

아이와 함께 당신 자신의 셀프 스토리, 그리고 아이의 셀프 스토리를 만들어보기 바랍니다. 매년 정해진 달에 일 년간의 스토리를 써보면 어떨까요?

셀프 스토리를 쓰다 보면 그 과정에서 자신이 그리고 싶은 미래가 명확해지므로 저절로 해야 할 일이 보입니다. 이때 반드시 실현하겠다는 강한 생각을 담아서 발전적인 이야기를 쓰는 것이 중요합니다. 상상하던 목표를 성취하기 위해, 머릿속에 담아놓은 자신의 미래 상에 따라 행동하겠다는 결심도 필요합니다.

셀프 스토리를 썼다면 이제 짜증낼 틈이 없습니다. 이 스토리를 현실로 실현할 일만 남았기 때문입니다. 쓸데없이 화를 내며 기력을 소비할 일이 줄어들고, 반대로 꾹꾹 참느라 자신의 뜻을 개진하지 못하는 일도 없어집니다. 즉, '화를 내야 할 때는 화내고, 화낼 필요가 없는 일은 화내지 않는다'는 분노 조절이 가능해지는 것입니다. 원하는 자신을 그리는 것만으로도 때로는 이렇게 도움이 됩니다.

감정 정리의 기술 :
마음속 컵의 물 줄이기

감정을 다스릴 수 있게 되면 일상생활이 쾌적해집니다. 짜증과 긴장이 줄어드니 마음이 편안하고, 주위 사람들과의 관계도 원만해집니다. 아이든 어른이든, 청년이든 노인이든, 감정 조절은 삶의 질을 업그레이드하기 위해 모두가 익혀야 할 기술입니다. 생활 속에서 쉽게 할 수 있는 간단한 감정 조절법을 소개합니다.

평안을 유지하는 마음의 기술

살다 보면 마음의 컵에 물이 차오르게 됩니다. 이것을 그냥 놔두면 짜증이 점점 늘어나 자신도 괴롭고 주변도 괴롭히게 됩니다. 그런데 이

컵은 마음가짐으로 충분히 변화시킬 수 있습니다.

여기에서는 3가지 변화 기술을 소개합니다. 이 기술을 평소 의식적으로 사용하기 바랍니다.

- 편안한 상태가 됩니다.(마음속 컵의 물을 증발시킵니다.)
  유산소 운동이나 요가, 음악 감상 등 좋아하는 일을 실행해서 짜증(긴장) 상태와 반대인 편안한 상태가 될 수 있도록 합니다.

- 둘째, 격한 운동을 합니다.(격한 움직임으로 물을 조금씩 컵 밖으로 내보냅니다.)
  운동은 뇌유래신경영양인자BDNF나 엔도르핀처럼 소위 행복 호르몬이라고 불리는 뇌내 물질을 만들어내어 기분을 안정시키는 효과가 있습니다.

- 긍정적인 의미를 부여합니다.(물의 색을 바꿉니다.)
  피로가 쌓였다면 열심히 살고 있다는 증거이며 몸이 쉬라는 사인을 보낸다고 생각하십시오. 공부가 힘들다며 아이가 짜증을 낸다면 '내 아이가 나를 신뢰하고 내게 기대고 싶기 때문에 저런 표현을 하는구나' 라고 생각합니다. 기분이 슬프다면 지금 느끼는 슬픔이 훗

날 행복해지는 데 밑거름이 된다는 식으로 생각을 바꾸어 받아들이면 마음의 컵에 담긴 물의 색도 바뀝니다. 마음이 안정되면 받아들일 수 있는 일이 늘어나고 결과적으로 마음의 컵 자체(마음의 그릇)도 커지게 됩니다.

마지막으로 마음속의 컵이 비어서 빛나고 있는 상태를 떠올리십시오. 평소 이렇게 마음을 치유하면, 강하면서도 부드러운 마음 상태를 유지할 수 있을 것입니다.

3장

육하지 않고
감정을
표현하는 연습

준비 훈련 편

이번 장에서는 본격적인 감정 조절
훈련에 앞서 워밍업 단계의 기본
연습들을 소개합니다.
유형별, 상황별 시뮬레이션 연습을
통해 아이와 감정 조절 훈련의
필요성을 공유할 수 있습니다.

마음의
능력을 높여라

말은 쉽지만, 지식만으로 감정을 조절하기란 어려운 일입니다. 감정 조절을 위해서는 부단한 연습이 필요합니다. 이번 장에서는 바로 실천할 수 있는 분노 조절 방법 및 1차 감정의 유형과 다양한 상황별로 분노 감정을 전달하는 법을 소개하겠습니다. 이번 장의 훈련을 거치면 분노와 같은 부정적 감정을 조절하는 것은 물론이고, 커뮤니케이션에도 상당히 능숙해질 것입니다.

훈련은 엄마와 아빠, 아이가 함께하는 것을 기본 전제로 합니다. 아이는 아직 감정 습관이 굳어지지 않은 상태입니다. 부모가 모범을 보이고 아이와 보조를 맞춘다면 아이의 감정 습관은 바람직한 방향으로 빠르게 발전할 수 있습니다. 반대로 아이에게는 욱하지 않기 위한 감정 조절법을 가르치면서, 정작 엄마 아빠가 일관성 없이 화내는 모습을 보인다면 결코 효과를 볼 수 없을 것입니다.

　3장과 4장의 훈련법은 설명의 대상을 어른으로 하되, 사례 상황이나 예시는 가능한 아이의 눈높이에 맞추기 위해 노력했습니다. (다음 4장에서는 훈련법을 소개하는 것과 더불어, 아이가 직접 작성할 수 있는 워크 시트를 수록했습니다.)

감정 훈련의
지향점과 방향성 찾기

훈련에는 지향점과 방향성이 존재해야 합니다. 화나는 감정을 조절하는 것은 그것을 제대로 표현하는 것과도 관련이 있으며, 궁극적으로 타인과 어떤 방식으로 커뮤니케이션하는 사람이 될 것인가의 문제입니다. 그러므로 본격적인 연습에 들어가기에 앞서, 감정 조절 훈련의 지향점(어떤 태도를 취할 것인가)과 방향성(그렇기 위해 어떻게 할 것인가)을 점검해 보겠습니다.

어떤 태도를 취할 것인가

커뮤니케이션에는 다음의 3가지 유형이 있습니다.

• 수동형(자신은 안 되고, 상대는 된다)

자기 생각과 의견보다 상대를 우선하는 유형입니다. 할 말이 있어도 말하지 않습니다. 자신감이 없고 쉽게 위축됩니다.

• 공격형(자신은 되고, 상대는 안 된다)

자신의 의견만 우선하고 상대를 생각하지 않는 유형입니다. 다른 사람의 이야기를 듣지 않으므로 고립되기 쉽습니다.

• 존중형(자신도 되고, 상대도 된다)

자신을 존중하면서 상대도 존중하는 유형입니다. 자기주장을 할 수 있고 상대와 다른 점이 있음을 인정할 수도 있습니다. 타인에게 휘둘리는 일 없이 자신의 행동을 스스로 선택합니다.

수동형은 자기주장을 하지 못하므로 분노가 자기 자신에게로 향하기 쉽습니다. 공격형은 생각한 대로 되지 않으면 쉽게 분노를 느낍니다.

반면에 존중형은 자신을 무리하게 제어하지 않고 기분을 전달할 수 있습니다. 타인과 다름을 인정하므로 무턱대고 분노를 느끼는 일은 없고, 따라서 분노에 휘둘리지 않습니다.

가장 바람직한 태도는 당연히 존중형입니다.

어떻게 표현할 것인가

그렇다면 존중형으로 커뮤니케이션하기 위해서는 어떻게 해야 할까요? 몇 가지 간단한 노하우를 소개하겠습니다.

• 하기 어려운 말은 나를 주어로 표현하라(I 메시지)

I 메시지의 반대는 상대를 주어로 해서 전달하는 You 메시지입니다. 가령 상대가 약속 시간에 늦었다면 You 메시지는 "늦었어!"라고 하고, I 메시지는 "늦어서 걱정했어요"라고 하는 식입니다. 전자는 공격적으로 느껴지고 후자는 솔직하고 듣기 편한 느낌을 줍니다.

• 비언어 메시지를 적극 활용하라

커뮤니케이션을 할 때 사람은 언어뿐 아니라 비언어 메시지(시선, 표정, 자세) 등에서도 정보를 얻습니다. 전화 통화나 이메일, 문자 메시지를 통해서 대화할 때보다 실제 얼굴을 마주 보고 대화할 때 훨씬 원활한 소통이 이뤄질 수 있는 이유입니다. 비언어 메시지를 활용하면 상대에 대한 호감은 물론이고, 은근한 불만, 단호한 의지 혹은 결연한 자세 등 말로 표현하기 어려운 심경을 간접적으로 전달할 수 있습니다.

• 거절과 부탁에 친숙해집니다

부탁은 폐를 끼치는 것이 아니며 거절도 나쁘지 않다고 생각하십시오. 부탁은 거절해도 괜찮습니다. 반대로 자신 또한 거절을 두려워하지 않고 부탁할 수 있습니다.

하루아침에 존중형 커뮤니케이션으로 변화하기란 어려울 것입니다. 그러나 지금 당장 실천할 수 있는 일이 있습니다. 의식적으로 자신과 상대를 존중하고, 필요한 타이밍에 나를 주어로 해서 의사를 전달하는 것 등입니다. 만약 상대의 농담으로 기분이 상했다면 "나쁜 의도가 아니었다는 것은 알지만, 불편하군요"라고 당당하게 말하면 됩니다. 곤란한 부탁을 받으면 "죄송하지만, 저는 그 일을 할 수 없어요"라고 단호하게, 그러나 정중하게 말합니다.

이 같은 기술을 받아들이면 원활한 커뮤니케이션을 할 수 있어 웃음이 늘어납니다. 또한 자신의 기분을 정확하게 전달할 수 있어 분노의 감정도 건설적으로 표현할 수 있습니다.

이제 본격적으로 아이와 함께 존중형 커뮤니케이션을 연습해볼 차례입니다. 각각의 연습은 시뮬레이션이 가능하도록 구성되어 있습니다. 1차 감정의 유형, 그리고 상황 예시에 따른 올바른 대처법을 연습해봅시다. 아이에게 상황을 설명한 후 만약 자신이라면 어떻게 할지 물어본 뒤, 충분히 이야기를 나눕니다. 아이와 엄마의 가상 대화 예시를 참조하면 대화에 도움이 될 것입니다.

"이런 상황에서 ○○이라면 어떻게 할 거야?", "화를 낼 만한 상황일까, 아닐까? 화내지 않는다면, 나의 마음을 어떻게 전해야 할까?" 등 아이에게 질문을 던지며 대화하다 보면, 엄마가 미처 몰랐던 아이의 커뮤니케이션 방식과 분노 유형을 알고 (4장에서 소개할) 다음 단계의 훈련을 준비할 수 있을 것입니다.

싫어하는 아이에게 졌다면

SITUATION

달리기 대회에 반 대표로 나가게 되었다. 몇 주 전부터 열심히 준비했는데, 나는 2등에 그치고 하필이면 내가 별로 좋아하지 않는 아이가 1등을 차지했다.

위와 같은 상황에 처했을 때, 우리 아이는 어떻게 반응할까요?
아이의 나이를 고려하여 상황을 적절히 설명하고
"만약 ○○이라면 어떨 것 같아?"라고 질문해 보세요.

열심히 노력했는데 1등을 못하면 억울한 마음이 들 것입니다. 특히 승부욕이 강한 아이라면 무척 화가 날 수 있습니다. 운동 경기나 시험, 회장 선거 등에서 지고 나면 분한 마음에 집에 돌아와 몇 날 며칠 눈물을 보이는 아이들도 있습니다. 반면 승부욕이 강하지 않다면 패배에 크게 신경 쓰지 않을 수도 있습니다.

만약 "화가 나서 참을 수 없다"거나 "분해서 눈물이 날 것 같다"고 대답한다면, 다음의 대화 예시를 참조하여 아이와 분노 감정에 관하여 대화를 나누어 보세요.

나보다 좋은 성적을 거둔 친구도 나만큼이나 노력했다는 것을 인정하고, 화나는 감정을 동기 부여의 발판으로 삼아 더욱 발전할 수 있다는 것, 즉 동기 부여에 사용할 수 있음을 알려주는 것이 중요합니다.

아이와 함께 생각해 보기

대화 예시를 참고하여 아이와 존중형 커뮤니케이션에 관해 이야기해 보세요

엄마 열심히 노력했는데 1등을 못하면 억울한 마음이 들겠지?

지수 네, 그리고 내가 싫어하는 아이에게 1등을 빼앗겼다면 화가 날 것 같아요. 저도 전에 비슷한 일이 있었는데, 1등을 빼앗긴 게 기분이 나빴어요.

엄마 그때 지수는 어떻게 했니?

지수 이미 졌으니 어쩔 수 없다고 생각했어요. '화나지만, 꼭 참고 더 열심히해서 다음번에는 꼭 1등을 해야지' 라고 결심했어요.

엄마 정말 좋은 생각이야. 졌다는 사실을 인정하지 못하면 나 자신만 괴로울 뿐이야. 이미 벌어진 일에 대해 화내 봤자 아무것도 달라지지 않으니까. 이번의 패배는 깨끗이 인정하고 다음 번 기회를 노리면 돼. 친구한테 져서 화가 나겠지만 그 덕분에 노력한다면, 그 다음번에는 좋은 결과가 날 거야.

지수 한번 졌기 때문에 앞으로 계속 더 잘하게 될 수도 있는 거네요!

엄마   남한테 지거나, 실수해서 꾸지람을 들으면 화가 날 수 있어. 하지만 '다음번엔 더 잘하는 모습을 보여줘야지! 다음엔 지지(혼나지) 않을 거야'라고 생각한다면, 훌륭한 사람이 될 수 있을 거야.

MEMO

대화를 통해 아이의 감정 표현 방식과 커뮤니케이션 방법에 관해 새롭게 알게 된 점은?

_____

_____

_____

_____

기대하던 약속이 취소됐다면

SITUATION

돌아오는 토요일에 아빠와 놀이공원에 가기로 했다. 잔뜩 들떠 있던 금요일 저녁, 회사에 급한 일이 생겨서 놀이공원에 가지 못하게 되었다는 이야기를 들었다.

위와 같은 상황에 처했을 때, 우리 아이는 어떻게 반응할까요?
아이의 나이를 고려하여 상황을 적절히 설명하고
"만약 ○○이라면 어떨 것 같아?"라고 질문해 보세요.

믿음과 반대되는 상황에 맞닥뜨리면, 누구라도 화가 나게 마련입니다. 어떤 일이 반드시 일어나리라고 믿고 기대했는데 그것이 좌절되면 분노 감정이 생겨나게 됩니다. 그러나 세상 일이 언제나 나의 믿음과 기대처럼 돌아가는 것은 아닙니다. 감정 조절 능력을 갖추지 못하면 이런 상황에서 반사적으로 화를 표출하고, 좌절감을 공격적으로 분출하기 쉽습니다.

감정 조절 능력을 높이기 위해, 아이에게 세상에 어쩔 수 없는 일이 존재한다는 사실을 인지시킬 필요가 있습니다.

예상되는 아이의 반응은 대략 다음과 같습니다. 첫째, "아빠 완전 거짓말쟁이야!"라고 소리 지르며 우는 것입니다. 화를 폭발시키는 타입입니다.

둘째, 친구들한테 이미 자랑했는데, 월요일에 학교(유치원)에 가서 뭐라고 말할지 걱정이 된다고 답하는 경우입니다. 이처럼 주변의 시선을 먼저 신경 쓰는 듯한 대답이 나온다면, 평소 감정을 억누르고 타인의 눈치를 지나치게 보는 타입이 아닌지 주의를 기울일 필요가 있습니다.

셋째, 아무 말도 하지 않고 자기 방에 들어가 방 문을 잠그고 속상해하는 경우입니다. 감정을 억누르거나 잘 표현할 줄 모르는 타입입니다. 화내는 것을 나쁘다고 인식하고 있을 가능성이 높습니다.

넷째, 약속이 취소돼서 얼마나 슬픈지 엄마 아빠에게 이야기한 후, 그렇다면 언제 놀이공원에 갈 수 있을지 물어보겠다는 대답입니다. 이처럼 기분을 솔직하게 전달하고 대안을 제시한다면, 평소 감정 조절 훈련이 잘 되어 있다고 볼 수 있습니다.

대화 예시를 참고하여 아이와 존중형 커뮤니케이션에 관해 이야기해 보세요

지수 만약 이런 일이 생기면, 화가 나고 아빠가 미울 것 같아요.

엄마 맞아, 정말 속상할 거야. 그렇다고 해서 울고 때리고 화내면 상황이 달라질까?

지수 (고개를 저으며) 제가 아무리 화내도 아빠는 어차피 회사에 가서야 할 거예요.

엄마 맞아, 아빠도 사실은 회사보다는 지수와 놀이공원에 더 가고 싶으실 거야. 하지만 어쩔 수 없는 일이란 게 있단다. 내 마음처럼 할 수 없을 땐 엄마 아빠도 무척 속상해. 하지만 바꿀 수 없을 땐 받아들이는 수밖에 없어.

지수 생각해 보니, 아빠한테 화내 봤자 아무 소용도 없고 오히려 아빠가 더 속상해하실 것 같아요. 혼자 속상하고 말래요.

엄마 엄마 생각에는 약속이 깨져서 슬프고 화가 난다는 사실을 말씀드리는 게 좋을 것 같아. 화나는 마음을 꾹꾹 참아서는 안 되거든. 지금 기분이 어떻다는 것을 솔직하게 말하면 엄마 아빠도 '지수가 이만큼 슬프고 화났구나'라는 걸 알고, 앞으로는 약속을 지키기 위해 더 노력할 거야.

화를 내는 건 나쁜 일이 아니야. 하지만 화를 어떻게 내느냐가 중요해. 내가 왜 화가 났고, 얼마나 화났으며, 상대가 어떻게 해주면 좋겠는지를 잘 설명하면 상대방도 미안해하면서 잘못된 점을 고치려 할 거야.

공개적으로 창피당했다면

SITUATION

깜박하고 학교에 준비물을 안 가져갔다. 다른 아이들은 모두 준비물을 챙겨
와서 나 혼자 교탁 앞에 불려 가, 친구들이 보는 앞에서 선생님에게 혼났다.

위와 같은 상황에 처했을 때, 우리 아이는 어떻게 반응할까요?
아이의 나이를 고려하여 상황을 적절히 설명하고
"만약 ○○이라면 어떨 것 같아?"라고 질문해 보세요.

얼굴이 화끈거리는 상황입니다. 창피당하면 화가 나고, 자연히 분
노의 대상을 찾게 됩니다. 이런 경우 아이의 반응은 대략 다음과 같이
예상할 수 있습니다.

가장 흔한 반응은 엄마에게 화가 나는 것입니다. 준비물을 챙겨주지
않은 엄마를 탓하며, 집에 도착하자마자 엄마에게 화를 냅니다. 화나는
감정이 들 때 그 원인을 생각하지 않고 분노의 대상을 먼저 찾는 타입
입니다. 또는 친구들 앞에서 나를 혼낸 선생님에게 화가 날 수도 있습
니다. 선생님이 미워서 학교에 가기 싫다는 것 또한 즉각적이고 반사
적으로 분노의 대상을 찾는 반응입니다.

화가 치밀어 오르는 상황에서도 즉각적인 화풀이 대상을 찾지 않는 것, 이 또한 중요한 감정 조절 능력입니다. 그러기 위해서는 누군가를 탓하는 생각을 버려야 합니다. 자신의 판단과 행동의 책임은 자기 스스로에게 있음을 항상 인지하도록 사고 습관을 바꿔줘야 하는 것입니다.

아이와 함께 생각해 보기
대화 예시를 참고하여 아이와 존중형 커뮤니케이션에 관해 이야기해 보세요

엄마 ┊ 만약 준비물을 안 챙겨가서 친구들 앞에서 혼났다면, 어떤 기분이 들까?

지수 ┊ 당연히 창피하고 화날 거예요! 엄마가 준비물을 안 챙겨줘서 혼난 거니까, 엄마한테 화를 낼 것 같아요.

엄마 ┊ 그게 정말 엄마의 잘못일까? 학교에 다니는 사람은 엄마가 아니라 지수잖아. 그렇다면 학교에 가기 위해 준비물을 챙겨야 하는 사람은 누구지?

지수 ┊ ……그렇지만 준비물은 맨날 엄마가 같이 챙겨줬잖아요.

엄마 ┊ 물론 지수의 마음도 이해가 돼. 화가 나면 누군가를 탓하고 싶어지거든. 하지만 사실은 엄마가 잘못해서 화가 난 게 아니라, 지수가 잘못해서 창피당한 것이 화가 난 거야. 화난 마음에만 집중하

지 말고, 잠깐 생각을 돌려서 '왜 혼났을까'를 생각하면 좋겠어.

지수   제가 준비물을 안 챙겨서 혼난 거예요.

엄마   맞아. 준비물 챙기기는 엄마가 도와줄 수는 있어도, 원래는 지수가 해야 할 일이 맞지?

지수   네.

엄마   그런데 지수가 엄마한테 화를 낸다면 엄마는 기분이 어떨까?

지수   엄마도 기분이 나쁠 것 같아요.

엄마   내가 잘못해서 화가 났는데 다른 사람을 미워하거나, 다른 사람에게 화를 내서는 안 되겠지? 내가 잘못했을 때는 잘못했다는 걸 인정하고 사과하면 돼. 그리고 다음번에 더 잘하면 되는 거야.

MEMO

대화를 통해 아이의 감정 표현 방식과 커뮤니케이션 방법에 관해 새롭게 알게 된 점은?

_____

_____

_____

_____

바쁜 부모님 때문에 외롭다면

SITUATION

엄마와 아빠가 모두 바빠서 집에서까지 회사 일을 하는 상황이다. 아이는 대화를 원하지만, 부모님에게 말을 걸 때마다 "지금은 바쁘니까 이따 얘기해"라는 대답만 돌아온다.

위와 같은 상황에 처했을 때, 우리 아이는 어떻게 반응할까요?
아이의 나이를 고려하여 상황을 적절히 설명하고
"만약 ○○이라면 어떨 것 같아?"라고 질문해 보세요.

아이들의 세계는 부모를 기반으로 합니다. 그런데 전적으로 의지하고 있는 세상의 기반이 자신에게 무관심하고, 자신을 소중하게 여기지 않는다고 느끼면 아이들은 큰 불안을 느끼게 됩니다. 이러한 불안감, 외로움, 소외감, 우울감 등의 1차 감정이 마음의 컵에 쌓이다 보면 언젠가 분노 감정으로 바뀌어 폭발하게 마련입니다. 이것을 방지하기 위해서는 평상시 아이가 감정을 자연스럽게 표현하도록 도와줘야 합니다.

그러나 부모가 너무 바쁘거나, 가정 형편이 좋지 않거나, 돌봐야 할 환자나 어린 동생이 있어서 책임감을 느끼는 아이들의 경우 자신의 감정을 숨기는 경향이 있습니다. 화내거나 우는 일을 나쁘다고 생각한다면, 바람직하게 표현하는 방식을 알려주고 또 부모가 아이의 감정을 수용하는 태도를 보여야 합니다. 이를 통해 부정적인 1차 감정들을 조절할 수 있습니다.

아이와 함께 생각해 보기
대화 예시를 참고하여 아이와 존중형 커뮤니케이션에 관해 이야기해 보세요

엄마 지수도 엄마 아빠가 너무 바빠서 화났던 적이 있니?

지수 음, 전에 엄마가 회사를 옮겼을 때 그랬어요. 집에 와서도 일하시느라 내가 무슨 말을 해도 자꾸 "나중에 이야기해"라고 했잖아요. 엄마가 그렇게 말했을 때 화가 나고 미웠어요.

엄마 미안해. 그땐 엄마가 일이 많고 힘들어서 지수가 화난 걸 몰랐어. 다시는 그러지 않겠지만, 혹시라도 그런 일이 다시 생기면 엄마 아빠에게 솔직하게 지수의 마음을 말해줄래?

지수 그렇지만 너무 화가 나서 울게 되면 어떻게 해요? 울면 안 되는데……

엄마 괜찮아, 화가 나면 울 수 있어. 울지 않기 위해서 화를 참지 말고, 울더라도 차근차근 왜 화가 났는지 말하면 돼. 너무 슬퍼서 말할

수 없을 것 같으면 편지를 써도 좋아. 솔직한 기분을 말해줘야 엄마 아빠도 그 마음을 알고, 어떻게 하면 좋을지 방법을 찾을 수 있어.

대화를 통해 아이의 감정 표현 방식과 커뮤니케이션 방법에 관해 새롭게 알게 된 점은?

_____

_____

_____

_____

친구에게 기분 나쁜 말을 들었다면

SITUATION

새로 산 옷을 입고 학교에 갔다. 나는 새 옷이 예쁘다고 생각했는데, 친한 친구가 대뜸 "그 옷 뭐야, 완전 촌스러워"라고 말했다. 그 말을 듣자 기분이 나빠졌다.

위와 같은 상황에 처했을 때, 우리 아이는 어떻게 반응할까요?
아이의 나이를 고려하여 상황을 적절히 설명하고
"만약 ○○이라면 어떨 것 같아?"라고 질문해 보세요.

또래 간에 흔히 벌어질 수 있는 갈등 상황입니다. 상대 아이는 별 다른 생각 없이 말했을 수도 있고, 혹은 새 옷이 질투 나서 일부러 시비를 걸었을 수도 있습니다. 의도가 어떻든 '너는 너고, 나는 나'라는 식으로 상대와 자신을 분리하여 생각하는 것이 중요합니다. 나와는 다른 사람이니 다르게 생각할 수도 있는 것입니다. 그 사실을 가지고 공격할 필요는 없습니다.

그러나 배려심 없는 말로 인해 기분이 나빠진 것은 사실이므로, 1차 감정을 전달해도 됩니다.

이런 상황에서 순간적으로 욱하는 감정을 참지 못하고 표현하면 다

틈이 생기기 쉽습니다. 촌스럽다는 말을 듣자마자 "너 방금 뭐라고 했어? 다시 말해 봐!"라고 화내거나 "네 옷이 더 촌스럽거든"이라고 응수하는 경우입니다.

반사적으로 반응하지 않기 위해서는 마음의 불길을 진정시킬 시간이 필요합니다. 아이에게 '마법의 6초'를 알려주세요. 화내기 전에 딱 6초만 기다리면, 친구와 싸우지 않고 멋있게 대응할 수 있습니다.

아이와 함께 생각해 보기
대화 예시를 참고하여 아이와 존중형 커뮤니케이션에 관해 이야기해 보세요

<u>엄마</u> 만약 친구가 이렇게 말했다면, 지수는 어떨 거 같아?

<u>지수</u> "네 옷이 더 촌스럽거든"이라고 쏴주고 싶을 것 같아요. 하지만 그렇게 말하면 그 친구도 기분이 나빠져서 사이가 안 좋아질 수도 있어요. 싸우게 될 수도 있고요.

<u>엄마</u> 우와, 우리 지수가 생각이 아주 깊구나. 친구가 기분 나쁜 말을 했다고 해서 나도 똑같이 말해서는 안 되겠지?

기분이 나쁠 땐, 잠깐 멈춰 서서 1에서 6까지 숫자를 세어봐. 6초만 기다리면 화난 감정이 조금은 작아질 거야.

그리고 이렇게 생각하면 어떨까? '그 애는 내가 아니니 나랑 다르

게 생각할 수도 있어'라고. 친구에게도 "너는 그렇게 생각하는구나, 하지만 난 예쁘다고 생각해"라고 말해주는 거지.

지수　친구 때문에 제 기분이 나빠진 건 어떻게 해요?

엄마　지수가 기분이 나빠진 것도 사실이니, "그렇지만 난 네 말 때문에 속상해"라거나 "기분이 안 좋아"라고 말해줘야지. 다른 사람의 생각을 존중하면서, 나의 감정도 소중하게 여겨야 해. 그러려면 나와 생각이 다르더라도 받아들여주고, 내 기분도 솔직하게 말할 수 있어야 한단다.

지수　저라면 친구가 새 옷을 입고 왔는데 그런 말은 하지 않을 거예요.

엄마　물론이지. 내 마음이 소중한 만큼, 다른 사람의 마음이 상하지 않도록 잘 생각해서 말하는 것이 중요해.

> ### ┌ MEMO ┄ ┄ ┄ ┄ ┄ ┄ ┄ ┄ ┄ ┄ ┄ ┄ ┄ ┄ ┐
> 대화를 통해 아이의 감정 표현 방식과 커뮤니케이션 방법에 관해 새롭게 알게 된 점은?
>
> _____
>
> _____
>
> _____
>
> _____

타임아웃 : 일단 피해라

SUMMARY

화가 폭발할 것 같으면, 상대방에게 돌아올 시간을 알리고 일단 그 자리를 피한다. 가벼운 활동을 통해 몸과 마음을 릴랙스 시킨다.

화가 폭발할 것 같은 순간, 우리 몸은 다양한 신호를 보냅니다. 머리가 어지럽거나 얼굴이 붉어지고 심장이 뛰고 손바닥에 땀이 나기도 합니다. 속에 열불이 나는 듯, 가슴에서 뜨거운 무언가가 느껴지기도 합니다.

이처럼 분노가 폭발할 것 같다면 일단 그 자리를 떠나는 것이 타임아웃 기법입니다. 방법은 간단합니다.

화가 치미는 것이 느껴지면, 상대방에게 돌아올 시간을 알리고 일시적으로 그 자리를 떠납니다.

이렇게 하면 분노를 확장시키지 않을 수 있습니다. 자리를 떠났다가

돌아오면 자연스럽게 6초가 지나갑니다. 마음을 다소간 진정시킬 수 있으므로, 필요 이상으로 화를 내거나 엉뚱한 대상에 화풀이를 하는 등 분노 감정이 확장되는 것을 막을 수 있습니다. 걷잡을 수 없이 번지기 전에 마음의 불길을 잡는 것입니다.

타임아웃 중에는 스트레칭이나 산책 등 가벼운 운동을 하거나, 좋아하는 음악을 듣는 등 몸과 마음을 릴랙스 시킬 수 있는 일을 하는 것이 좋습니다.

반대로 공격적인 게임을 하거나 (어른의 경우) 술을 마시거나 운전을 하는 등 신경을 예민하게 만들 수 있는 일은 피합니다.

이렇게 활용해 보세요

가족회의를 통해 온 가족이 '타임아웃'에 대해 알고, 타임아웃 명령을 공유할 수 있습니다.

예를 들어, 말다툼이 벌어졌을 때 누군가 "타임아웃!"이라고 외치면 욱하는 감정을 가라앉히고 오겠다는 뜻으로 알고 상대방도 잠시 마음의 안정을 찾도록 합니다. 타임아웃을 사용하는 사람은 자리를 떠나기 전에 타임아웃 시간(5분, 10분 등)을 밝히고 그 약속을 지켜야 합니다.

반대로 가족 구성원 중 누군가 화가 폭발할 듯 보이면 다른 사람이 "타임아웃"이라고 명령을 내릴 수도 있습니다.

MEMO

이 기법을 언제 어떤 상황에서 사용했으며, 그 효과는 어땠습니까?

_____

_____

_____

_____

그라운딩 : 시선을 돌려라

SUMMARY

욱하는 감정이 느껴지면 그 순간 눈 앞에 있는 다른 무언가(분노의 대상이
아닌)에 집중한다.

분노는 우리가 경험하는 감정 중 가장 격렬한 종류의 하나입니다.
그래서 한번 생겨나면 그 감정에 몰입하게 되고, 급기야는 지나가버린
일이나 아직 벌어지지 않은 일(가능성이 있는 일)로 화내는 지경에 이릅
니다.

그러므로 분노 감정이 생겨나기 시작하면 마음의 시선을 돌려줄 필
요가 있습니다. 그 방법은 바로 눈의 시선을 돌리는 것입니다. 순간적
으로 욱하는 감정을 가라앉히는 효과적인 방법으로, '그라운딩' 기법이
라고 합니다.

방법은 다음과 같습니다.

분노의 대상이 아닌 눈앞의 다른 무언가를 찾아 거기에 의식을 집

중합니다.

그라운딩 기법은 이미 지난 일이나 일어나지도 않은 일로 화가 나거나, 눈 앞에서 크게 화낼 만한 일을 만났을 때 효과적입니다. 제대로 사용하기 위해서는 평소 연습해두는 것이 좋습니다.

이렇게 활용해 보세요

예를 들어 아이와 함께 지하철을 타고 가던 중, 아이가 물건을 잃어버렸다는 것을 깨달았습니다. 칠칠치 못한 행동에 화가 나며 "그게 얼마짜린데! 넌 애가 대체 왜 그러니"라는 말이 목구멍까지 치솟는 찰나, 지하철 노선표로 시선을 돌려 각 역의 이름을 순서대로 읽는 데 집중합니다. 감정이 다소 가라앉을 때까지 의식적으로 노선표를 읽는 것입니다. 이런 식으로 그라운딩을 활용할 수 있습니다.

아이에게도 그라운딩 기법을 가르칠 수 있습니다. 화가 나면 물건을 하나 정해 그것을 관찰하도록 합니다. 예를 들어 학교에서 화가 났다면 눈앞에 있는 책받침 그림을 관찰하거나 필통 속에 있는 연필이나 지우

개의 모습을 관찰할 수 있습니다. 엄마, 아빠, 동생과 함께 길을 가던 중 자꾸 장난을 치는 동생에게 화를 내려한다면, 눈 앞에 자동차의 모습에 의식을 집중하고 차의 모양이나 색깔, 뒷유리에 붙어 있는 스티커의 모양 등을 관찰하도록 합니다. 이처럼 다양하게 지도함으로써 화가 나면 자동으로 그라운딩 기법을 활용하는 습관을 들일 수 있습니다.

MEMO

이 기법을 언제 어떤 상황에서 사용했으며, 그 효과는 어땠습니까?

_____

_____

_____

_____

스톱 씽킹 : 생각을 멈춰라

SUMMARY

욱하는 기분이 들면 자신에게 "스톱" 명령을 내리고, 벽이나 하얀 종이 등에 시선을 고정시킨다.

산불과 마찬가지로, 분노 감정은 커지기 전에 빨리 잡는 것이 중요합니다. 스톱 씽킹 기법은 화가 커지기 전에 사고를 정지하는 것으로, 이를 통해 분노 반응을 늦출 수 있습니다.

스톱 씽킹은 다음의 3단계로 이루어집니다.

❶ 욱하는 감정이 생겨나면 마음속으로 "스톱!" 혹은 "멈춰!"라고 외칩니다.

❷ 벽이나 하얀 종이 등을 바라보며 의식을 집중합니다.

❸ 분노가 최고조에 달한 순간이 지나가면, 화를 낼지 말지 판단하고 적절한 말과 행동을 생각합니다.

"스톱!" 혹은 "멈춰!"라고 마음속으로 외칠 때는 배에 힘을 꽉 주는 것
이 좋습니다. 그렇게 하면 자연히 숨을 내뱉게 되어 몸의 긴장이 풀어
지는 효과가 있습니다. 벽을 보면서 사고를 정지시킬 때는 아무것도 없
는 깨끗한 벽이나 종이가 효과적입니다.

스톱 씽킹은 화난 상황이 아니더라도 연습할 수 있습니다. 생각을 멈
추는 훈련을 해보는 것입니다.

단, 미취학이나 저학년 아이가 사용하기에는 다소 어렵습니다. 생각
을 멈춘다는 것을 이해할 수 있는 나이라면 이 기법에 대해 설명하고
함께 연습해 보세요.

MEMO

이 기법을 언제 어떤 상황에서 사용했으며, 그 효과는 어땠습니까?

_____

_____

_____

_____

코핑 만트라 : 마법의 주문

SUMMARY

화를 가라앉히는 나만의 주문을 만든다. 욱하는 감정이 드는 순간 주문을
반복적으로 외운다.

운동선수들은 경기에서 멘탈을 관리하기 위한 자신만의 주문을
가진 경우가 많다고 합니다. 컨디션이 좋지 않거나, 날씨가 좋지 않아
서 마음이 불안해지면 "된다, 된다, 된다"라고 혼잣말을 한다든지 "문
제없어"를 세 번 크게 외치는 식입니다. 불안이 커지기 전에 그 감정을
제압하는 것입니다.

운동선수들의 주문이 주로 자신감을 불어넣는 종류라면, 분노 감정
을 가라앉히는 주문은 마음을 진정시키는 종류의 것이 좋습니다. 이를
코핑 만트라 기법이라고 합니다. 방법은 간단합니다.

자신이 화났을 때 사용할 만한 문구를 만들어 뒀다가, 화나는 순간
그 문구를 마음속으로 외칩니다.

코핑 만트라는 반사적인 분노를 막는 데 효과가 좋습니다. 문구는 쉽게 외칠 만한 간단한 것이라도 효과가 있습니다. 예를 들어 "어떻게 되겠지"나 "괜찮아, 괜찮아" 같은 짧은 말을 여러 번 반복하면 마음이 평온해집니다.

아이들이라면 화가 났을 때 쓰는 마법 주문을 만들어서 활용하도록 지도합니다. 마법 주문은 "꿀꿀꿀", "수박 수박 수박" 등 의미 없는 문구라도 무방합니다. 문구를 외치며 어깨를 돌리거나 팔을 쭉 뻗는 등의 동작을 하는 것도 도움이 됩니다.

MEMO

이 기법을 언제 어떤 상황에서 사용했으며, 그 효과는 어땠습니까?

_____

_____

_____

_____

카운트 백 : 거꾸로 세라

SUMMARY

눈을 감고, 마음속으로 100부터 천천히 거꾸로 숫자를 외친다. 이 패턴에 익숙해지면 100, 98, 80……이라는 식으로 무작위로 숫자를 세도 된다.

숫자를 거꾸로 세는 것은 최면을 유도할 때 가장 많이 쓰는 기법 중 하나입니다. 숫자를 천천히 거꾸로 세면서, 숫자가 작아질 때마다 심호흡을 크게 반복하여 몸과 의식의 긴장을 풀도록 하는 것입니다.

평상시에도 같은 방법을 사용하면 마음을 진정시킬 수 있으며, 화나는 감정을 진정하는 데 활용할 수도 있습니다.

화가 난다면 눈을 감고 숫자를 거꾸로 세어 내려갑니다. 예를 들면 100부터 99, 98, 97……이라고 마음속으로 수를 천천히 외칩니다.

이렇게 하면서 심호흡을 반복하면 부교감 신경의 작용이 활발해지고, 분노로 인해 굳어진 몸이 풀리며 감정이 가라앉게 됩니다.

이렇게 활용해 보세요

이 기법은 앞서 소개한 타임아웃과 함께 사용하기 좋습니다. 타임아웃을 외치고 그 자리를 뜬 후에, 적당한 장소를 골라 눈을 감고 앉아 숫자를 거꾸로 세며 심호흡을 합니다.

한 가지 패턴에 익숙해지면 효과가 줄어든 느낌을 받을 수 있는데, 그럴 때는 100, 98, 80······이라는 식으로 무작위로 세어도 됩니다. 다만 숫자가 줄어드는 것이 포인트입니다.

아이에게 지도할 때는 숫자가 줄어들 때마다 마음속 화나는 감정의 크기가 점점 작아지는 이미지를 떠올리도록 하면 더 효과적입니다.

MEMO

이 기법을 언제 어떤 상황에서 사용했으며, 그 효과는 어땠습니까?

_____

_____

_____

_____

릴랙제이션 호흡법 : 심호흡하라

SUMMARY

배꼽 밑(단전)에 양손을 살짝 올리고, 5초간 코로 크게 숨을 들이마신다. 그리고 8초간 입으로 천천히 내쉰다.

호흡은 명상에서 빠뜨릴 수 없는 부분입니다. 심호흡을 크게 반복하는 것은 비단 분노뿐 아니라, 불안감이나 긴장감, 슬픔 등의 부정적인 감정을 조절하는 좋은 방법입니다. 호흡을 깊게 하면 마음이 안정될 뿐 아니라 정신이 맑아지며 이리저리 흩어져 있던 생각을 정리할 수 있습니다.

다음의 단계를 따라 릴랙제이션 호흡법을 연습해 보세요.

❶ 배꼽 밑(단전 부근)에 양손을 살짝 올립니다.

❷ 코로 약 5초 동안 크게 숨을 들이마십니다.

❸ 입으로 약 8초 동안 천천히 숨을 내쉽니다.

들이마시는 시간보다는 내쉬는 시간이 더 길어야 합니다. 단전을 의식하며 천천히 숨을 내뱉습니다. 가능하면 바깥으로 나가 신선한 공기를 마시는 것이 도움이 됩니다.

이렇게 활용해 보세요

숨을 내쉴 때마다 마음속에 쌓여 있는 나쁜 감정이 몸 밖으로 나간다고 상상하세요. 이 기법 역시 화가 날 때뿐 아니라, 평소 연습해두면 좋습니다. 아이와 함께 하루 단 몇 분이라도 연습하면 감정 조절 능력을 키우는 데 크게 도움이 됩니다.

MEMO

이 기법을 언제 어떤 상황에서 사용했으며, 그 효과는 어땠습니까?

_____

_____

_____

_____

4장

아이와 함께하는
하루 10분
마음 공부

실전 훈련 편

엄마가 가정에서 직접 할 수 있는
감정 조절 훈련들을 소개합니다.
각 훈련의 워크 시트를 복사하거나
따라 그려서 아이가 직접
그리거나 써볼 수 있게 하세요.
하루 10분 마음 공부로 아이는
눈에 띄게 달라집니다.

아이를 변화시키는
하루 10분의 기적

수많은 엄마들이 '오늘부터는 화내지 말고 아이를 키워야지'라고 결심합니다. 아이에게 화내지 않는 방법에 관한 책이 베스트셀러가 되기도 했습니다. 그러나 이는 말처럼 쉬운 일이 아닙니다.

머리와 마음이 따로 놀기 때문입니다. 이성적으로 이해해도, 감정이 한번 작동하기 시작하면 속수무책 휩쓸리고 맙니다. 그러므로 반드시 의식적이며 반복적인 훈련이 필요합니다. 감정의 쓰나미에 휩쓸리지 않기 위한 연습, 일종의 대피 연습을 해두는 것입니다.

앞장에서는 엄마와 아이가 모두 사용할 수 있는 기본 연습을 설명했습니다. 이번 장에서는 본격적으로 엄마가 직접 아이를 지도하기 위한 감정 훈련 방법들을 소개합니다.

시간을 내서 아이와 마주 앉아 차근차근 이 책의 훈련들을 지도해 주십시오. 평상시 자주 욱하는 아이는 물론이고, 자기주장이 지나치게 강하거나 약한 아이, 감정 변화가 심한 아이라면 눈에 띄는 효과를 볼 수 있을 것입니다.

감정 조절 훈련의 3가지 목적

이번 장의 감정 조절 훈련을 통해 아이는 다음 3가지를 이해하게 될 것입니다.

첫째, 화내는 일은 나쁘지 않다는 사실입니다. 둘째, 화내기보다 진정하고 해소하는 편이 나은 분노도 있다는 것입니다. 셋째, 자신의 기분은 스스로 조절할 수 있다는 것입니다. 훈련 시 이상의 목적을 인지하고 지도하면 더 좋은 효과를 볼 수 있을 것입니다.

어떻게 활용할까

각각의 훈련에는 레벨이 표시되어 있습니다. 레벨은 나이를 기준으로 하였습니다. 나이별로 적절히 구성하여 사용하기 바랍니다.

★~　　　미취학 아동 / 5세부터

★★~　　　초등학교 저학년 / 1, 2학년생부터

★★★~　　초등학교 중간 학년 / 3, 4학년생 정도부터

또한 각 훈련에는 직접 그리거나 써볼 수 있는 워크 시트가 포함되어 있습니다. 복사하거나 따라 그려서 아이가 활용할 수 있도록 해주세요.

가장 중요한 것은 일상생활에서 활용하는 것입니다. 감정 조절 기술은 사용하는 데에 의의가 있습니다. 훈련으로 그칠 것이 아니라 평소 생활 속에서 "이럴 때 어떻게 하라고 했었지?"라고 생각을 촉진하거나 "이럴 때 활용할 수 있는 방법이 뭐였지?"라고 아이가 실천할 수 있도록 기회를 만들어 주십시오.

교실에서 활용 시 주의할 점

이 책의 훈련은 교실에서도 활용할 수 있습니다. 수업에 활용할 경우, 반드시 훈련 내용을 학부모와 공유하십시오. 분노 감정 조절법을 아이가 받아들였을 때 보호자가 그것을 모르면 역효과가 날 수 있습니다.

또한 그룹 훈련을 위해서는 규칙을 만드는 것이 좋습니다. 다른 아이의 발언을 무시하지 않는다, 이야기를 들을 때는 집중한다, 움직이거나 다른 일을 하지 않는다 등 나이에 맞는 규칙을 사전에 정해 두십시오.

훈련을 시작하기 전에

SUMMARY

본격적인 훈련에 앞서, 감정 조절 훈련을 시작한다는 것을 인식하는 단계이다. 필요성과 이점을 설명하고, 훈련 시 약속과 목표를 확인한다.

화나는 감정을 제대로 다루는 것이 왜 중요하며, 이를 위해 감정 조절 훈련이 필요한 이유, 그리고 장점에 대해 아이에게 이야기해 주세요. 방법은 다음과 같습니다.

❶ 화나는 감정을 조절해야 하는 이유와 필요성을 설명하고, 지금부터 매일 엄마와 함께 감정 공부를 할 것이라고 알려줍니다.

❷ 엄마와 함께 감정 공부를 할 때 지켜야 할 약속을 정합니다.

❸ 감정 공부를 통해 어떤 사람이 되고 싶은지, 목표를 미리 써둡니다.

❶번 단계에서는 앞서 1장에서 공부한 내용을 백분 활용하여 아이 눈

높이에 맞춰 설명해 주세요. 그리고 다음 페이지의 워크 시트 내용을 아이와 함께 읽어봅니다.

감정 훈련 시의 약속으로는 '공부한 내용을 평상시에도 적극적으로 활용한다', '재미있게 즐기면서 열심히 한다' 등이 있습니다. 형제나 친구가 함께한다면 '다른 사람의 의견을 무시하거나 놀리지 않는다'라는 규칙도 정해둡니다.

한편, 아이가 목표를 잘 떠올리지 못하는 경우 "화나서 엉겁결에 나쁜 말을 해버렸는데 화를 내지 말걸 하고 후회했던 적이 있나요? 반대로 상대가 나에게 듣기 싫은 말을 하거나 나쁜 행동을 해서 몹시 기분이 나빴는데 아무 말도 하지 못해서 분했던 적은 없나요? 만약 이런 일이 없어진다면 어떤 좋은 일이 있을까요?"라는 식으로 구체적인 예를 이용해서 떠올리기 쉽도록 이야기합니다.

화내는 일은 나쁘지 않아요.

화나는 감정은 나 자신을 지키기 위해

마음이 만들어내는 자연스러운 감정이에요.

화를 내야 할 때는 화를 내야 해요.

하지만 아무 일에나 화내서는 안 돼요.

화를 낼 필요가 있는 일에만 제대로 화내야 합니다.

화나는 감정을 조절할 수 있으면

내 말이나 행동에 대해 후회할 일이 줄어들어요.

나도 소중히 하고,

가족과 친구, 주변 사람들도 소중하게 대할 수 있어요.

짜증내지 않고 중요한 일에 시간을 쓸 수 있어요.

내 마음속 들여다보기

SUMMARY

마음속에 다양한 감정이 있음을 깨닫고, 지금 느끼는 감정을 살펴본다. 감정 조절은 자신의 감정을 파악하는 데서부터 시작된다.

자신의 마음속에 다양한 감정이 존재한다는 것을 깨닫게 하는 훈련입니다. 어른과 아이를 막론하고 자신의 감정을 제대로 인지하지 못하면 감정을 조절할 수 없습니다. 이 훈련은 감정 조절 강좌의 입문 격인 훈련으로, 2종류로 구성되어 있습니다. '마음속에 어떤 기분이 들어 있나요?'와 '마음의 날씨'가 그것입니다.

훈련 1 : 마음속에 어떤 기분이 들어 있나요?

다음 페이지 워크 시트의 큰 동그라미는 우리의 마음이고, 작은 동그라미는 그 안에 담겨 있는 감정입니다. 작은 동그라미 안에 지금의 감정을 얼굴 표정으로 그려보도록 합니다. 기쁨, 슬픔, 화남, 우울 등을 간단한 표정 그림으로 표현할 수 있습니다. 아이가 그림을 그리고 나면 "지금 ○○이의 마음속에 이런 감정들이 있구나"라고 말하며, 아이의 감정을 알아주고 대화를 나눠 봅니다.

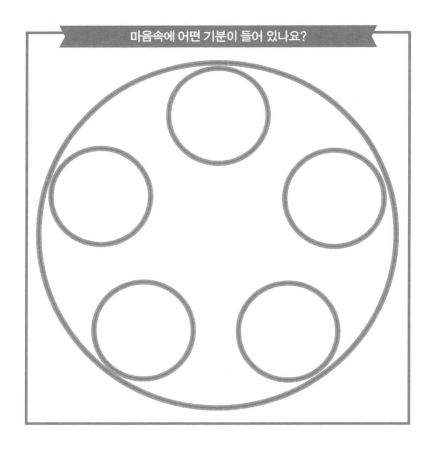

마음속에 어떤 기분이 들어 있나요?

훈련 2 : 마음의 날씨

    아래의 그림 중 자신의 기분을 손가락으로 가리키도록 합니다. 어휘력이 풍부하지 않은 미취학 아동에게 적합한 훈련입니다. 기쁜지, 슬픈지, 아니면 기분이 좋지 않은지 등 지금 자신의 마음 상태를 찾게 하고 그에 관하여 아이 눈높이에 맞춰 이야기합니다.

    위의 2가지 훈련은 모두 자신의 감정을 인지하는 것이 목적입니다. 시간과 조건, 나이에 맞게 선택하여 사용하면 되겠습니다.

좋았던 일과 좋지 않았던 일

SUMMARY

화를 내서 좋았던 경험과 그렇지 않았던 경험을 떠올려본다. 이를 통해 화는 나쁜 것이 아니라는 사실을 깨닫는다.

많은 엄마들이 아이가 화를 내면 당황하거나, 화내는 아이를 혼냅니다. 아무 때나 일단 욱하고 화부터 내고 보는 아이나, 화내면 혼난다고 생각해서 눈치만 보는 아이, 어느 쪽이든 바람직한 상황은 아닙니다. 이번 훈련은 화를 냈을 때와 내지 않았을 때의 장단점을 파악하고, 화내는 일이 나쁜 것이 아니라는 사실을 깨닫는 데 목적이 있습니다.

일단 아이에게 "화내는 건 나쁜 걸까?"라고 질문합니다. 그리고 워크시트에 화를 내서 좋았던 일과 좋지 않았던 일을 써보도록 합니다.

화를 내서 좋았던 일로는 다음과 같은 대답이 나올 수 있습니다.

기분이 좋아졌다, 사과를 받았다, 내 말을 받아들여주는 모습을 보고

상대를 더 좋아하게 되었다, 화를 내서 미안한 한편 고마움을 느꼈다, 스트레스가 풀렸다 등

화를 내서 좋지 않았던 경험으로는 어떤 것이 있을까요? 다음과 같은 대답을 예상할 수 있습니다.

분위기가 불편해졌다, 화를 냈는데 기분이 오히려 나빠졌다, 미움받게 되었다, 상대방과 사이가 나빠졌다, 진심이 아니었는데 나쁜 말을 해버려서 나중에 후회했다 등

긍정적 경험을 떠올리지 못한다면

종종 화를 내서 좋았던 경험을 떠올리지 못하는 아이도 있습니다. 이럴 때는 엄마가 본인의 경험을 설명하며, 아이의 경험에 대해 함께 생각해 봅니다. 예를 들면 다음과 같습니다.

"아빠가 너무 늦게 집에 왔을 때, 아빠한테 화를 냈더니 그 이후로는 집에 일찍 들어오겠다는 약속을 지키셨어. 그래서 엄마도 화났던 마음이 풀리고, 아빠와 사이가 더 좋아졌어. ○○이도 전에 동생에게 화낸

적이 있는데, 그 이후로 동생이 조금 바뀌지 않았니?"

만약 형제나 친구와 함께 훈련을 한다면, 이 주제에 관해 다 같이 생각해 보도록 합니다. 그리고 나와 다른 사람들과의 차이에 대해 이야기 나눠 보는 것도 좋습니다.

훈련을 마칠 때는 다시 한번 "화내는 건 나쁜 일일까?"라고 물어보고, 이해했는지 확인하세요. 아이가 잘 이해하지 못한다면 이 주제에 관해 아이와 더 대화를 나누고, 아이의 감정에 대한 엄마의 태도도 점검할 필요가 있습니다. 평소 생활 중에 엄마가 아이의 감정을 받아들이는 모습을 보이는 것이 중요합니다.

화내서 좋았던 일과 그렇지 않았던 일에 관해

하트 안에 써 보아요.

화내서 좋았던 일은?

화내서 좋지 않았던 일은?

이렇게 화내면 어떻게 될까?

SUMMARY

바람직하지 않은 방향으로 화나는 감정을 표출하면 어떤 일이 일어날지, 그 영향에 관해 생각하고 자신의 감정 표출 방식을 되돌아본다.

마음의 불에 휩싸였을 때는 자신의 행동이 보이지 않는 법입니다. 그러나 과거를 돌아볼 기회를 가지고, 객관적인 눈으로 자신을 보면 과거의 행동이 나와 주변 사람들에게 어떤 영향을 미쳤는지 알 수 있습니다.

앞장의 훈련을 통해 화를 낸 후 좋았던 경험과 나빴던 경험을 확인해 보았습니다. 좋지 않았던 경험을 떠올리면 공통점을 확인할 수 있을 것입니다. 바로 바람직하지 않은 방식으로 화를 냈다는 것입니다.

화를 내는 건 나쁘지 않지만, 좋지 않은 방식으로 화내면 나쁜 결과를 부릅니다. 이처럼 화를 표출하는 방식에 관하여 생각하고, 자신을 점검하는 것이 이번 훈련의 목적입니다.

워크 시트의 그림을 참조하여, 이런 식으로 화내는 사람이 있다면 어떨지 적어봅니다. 그리고 만약 내가 이런 식으로 화낸다면 어떨지 생각하고, 그에 관해 대화를 나눠 봅니다.

형제나 친구와 함께 훈련한다면, 내용을 공유하되 서로 비난하거나 놀리는 일이 없도록 지도하세요.

나도 혹시 4가지 유형 중 하나?!

워크 시트의 그림은 4가지 욱하는 유형과 관련이 있습니다(49페이지 참조).

- 한 번 욱하면 불같이 화를 낸다(강도가 강한 분노 유형)
- 예전의 일이 떠오르면 마치 그때로 되돌아간 듯 화가 난다
  (지속적인 분노 유형)
- 작은 일에도 짜증 내고 쉽게 욱한다(빈도가 잦은 분노 유형)
- 화가 나면 폭력적으로 변한다(공격적인 분노 유형)

1장의 내용을 참조하여 그림 속 분노 유형에 관하여 설명하고, 아이

에게 "만약 이런 식으로 화낸다면 어떻게 될까?"라고 질문합니다. 친구가 없어지고, 즐겁지 않고, 주변 사람들까지 모두 기분이 나빠진다 등의 대답을 하며 아이는 화내는 방식의 중요성을 깨달을 것입니다.

훈련을 마무리할 때는 '화내는 건 나쁜 일이 아니지만, 화내는 방식은 잘 생각해야 한다(주의를 기울여야 한다)'는 걸 다시 한 번 알려주세요.

화나면 멈추지 않아요

계속해서 화가 나 있어요

하루 종일 화를 내요

물건이나 사람에 화를 퍼부어요

이렇게 화내면 어떻게 될까요?

....

....

마음속 컵 이해하기

SUMMARY

화나는 상황과 1차 감정을 연결해 보는 훈련이다. 분노 감정의 구조를 이해하고, 그 이면에 숨겨진 1차 감정의 존재를 파악한다.

마음은 눈에 보이지 않기에 때로 실체가 없는 것처럼 느껴지기도 합니다. 상상하기도 어렵습니다. 상상조차 할 수 없는 대상을 이해하고, 때로 변화시키기란 쉽지 않은 일입니다. 그래서 심리 상담가들은 다양한 비유를 통해 사람들이 마음의 모습을 그리도록 돕습니다.

이 책에서는 컵의 모양을 빌려 마음을 표현하였습니다. 마음의 컵에 다양한 1차 감정들이 누적된 결과, 그것이 흘러넘치면 분노라는 2차 감정으로 변하게 됩니다. 이 같은 분노 감정의 구조를 아이들이 이해하기 좋게 설명하는 것이 이번 훈련의 목적입니다.

우선 첫 번째 워크 시트의 내용을 따라 분노 감정에 관해 설명합니다. 그리고 55쪽의 그림을 참고로 하여, 화가 났을 때 그 안에 어떤 감정들이 숨어 있었는지, 1차 감정을 찾아보도록 합니다.

두 번째 워크 시트는 화나는 상황과 1차 감정을 연결해보는 것입니다. 여기에는 정답이 없습니다. 어떤 아이는 놀림당한 데 대해 분하다고 생각할 수 있고, 또 어떤 아이는 슬프다고 느꼈을 수도 있습니다. 하나의 상황에 대해 두세 가지 감정을 연결해도 무방합니다.

세 번째 워크 시트는 1차 감정을 글로 적어보는 것으로, 미취학 연령에게는 어려울 수 있습니다. "화가 났을 때, 내 마음의 컵 속에는 어떤 감정이 들어 있었을까?"라고 물어보세요.

상황 친구가 나에게 기분 나쁜 말을 해서 화가 났다

질문 그때 내 마음의 컵 속에는 어떤 감정이 들어 있었을까?

예상 대답 민망해요 / 친구가 미워요 / 우울해요 / 창피해요 등

이 훈련은 〈화가 났을 때 나의 머릿속은?〉(216쪽 참조) 훈련으로 발전시킬 수 있습니다.

1 싫은 일이 있으면 마음의 컵 속에 '피곤하다, 아프다, 불안하다'과 같은 물(기분)이 쌓여요.

2 컵에 물(기분)이 많아졌어요.
'슬프다, 분하다'도 더해졌네요.

화나는 마음속에는 사실 다른 기분들이 숨어 있답니다.

3 어떤 사건을 계기로 컵의 물(기분)이 흘러넘쳤어요. 각각의 기분에서 분노가 생겨났습니다.

화나는 순간, 마음속에 어떤 기분이 숨어 있을까요?
예시 상황과 기분을 선으로 연결해 보세요.
하나의 상황에 여러 가지 기분을 연결할 수도 있어요.

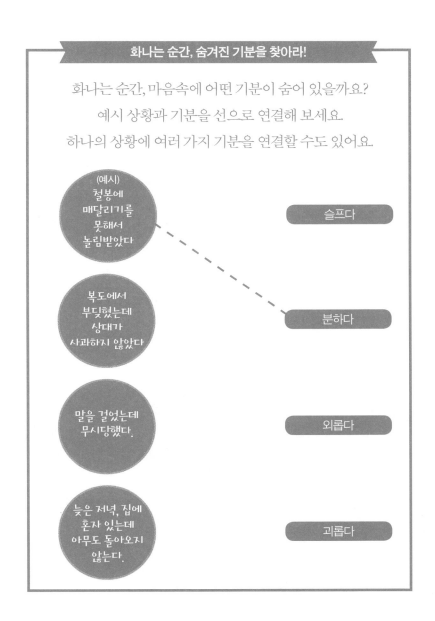

화나는 순간, 마음속에 어떤 기분이 숨어 있었을까요?
화가 났던 일을 쓰고, 그때의 감정을 적어 보아요.

화가 났던 일   숨어 있던 기분

왜 화가 났을까?

SUMMARY

당연하다고 믿는 나의 상식과 반하는 상황에서 화가 난다는 사실을 알고,
그럼에도 화를 낼지 안 낼지는 자신의 결정에 달렸음을 깨닫는다.

누구나 마음속에 당연하다고 믿는 부분, 즉 개인적인 상식이 존재
합니다. 아이들이라도 예외는 아닙니다. 아이들은 부모나 조부모 등 양
육자의 영향을 받아 나름의 가치관을 형성하는데, 양육자의 가치관이
엄격할수록 아이도 원칙을 고수하는 경향을 보입니다. 가족이나 친구,
선생님에게 엄격한 잣대를 들이대고 그 잣대에 어긋나면 화가 나는 것
입니다. 따라서 이 훈련은 감정 유형 중에서도 특히 '내 방식대로 형'(17
쪽 참조)에 필요합니다.

가능하면 일상적이고 알기 쉬운 예를 들어서 아이가 '당연하다고 믿
는 상식'을 찾아봅니다. 약속 시간은 반드시 지켜야 한다고 믿는 아이
라면 약속에 늦은 친구에게 화가 날 것입니다. 대화 예절에 대한 믿음

이 확고한 아이라면 경청하지 않는 태도에 화가 날 것입니다. 이처럼 아이가 당연하다고 믿는 것들을 확인하고, 이럴 때 분노 감정이 생겨난다는 사실을 깨닫도록 합니다.

화나는 이유를 깨닫는 연습

이제 워크 시트를 작성할 차례입니다. 방법은 다음과 같습니다.

❶ 워크 시트의 하트 안에 아이의 이러한 생각(당연하다고 믿는 부분)을 적습니다.

만약 '~하는 것이 당연하다'라는 표현을 이해하기 어려워한다면 '~해야 한다', 또는 '~하지 않으면 안 된다'로 표현을 바꿔도 좋습니다.

❷ 자신의 상식이 통했던 상황(제대로 된 상황)과 그렇지 않았던 상황(잘못된 상황)을 적어봅니다.

'다른 사람과 말할 때는 딴짓을 하지 않는 것이 당연하다'고 생각한다고 해 봅시다. '내가 말을 걸자 짝꿍이 공부를 멈추고 내 이야기

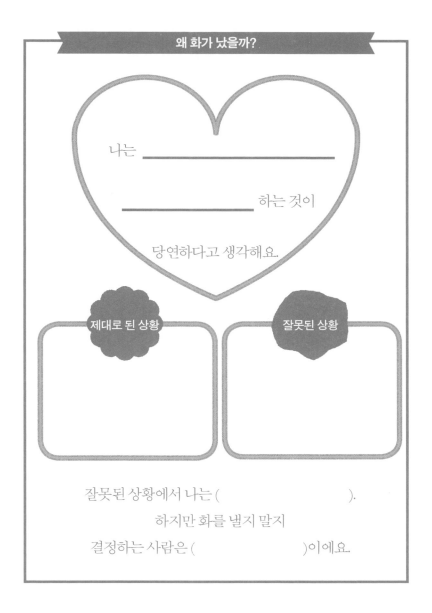

를 들어주었다'는 제대로 된 상황입니다. 그러나 '오빠가 컴퓨터만 쳐다 보고 내 이야기는 대충 들었다'는 잘못된 상황입니다.

❸ 마지막으로 빈칸을 채워 봅니다. 잘못된 상황에서 '화가 났었다'는 것을 깨닫고, 그럼에도 화를 낼지 말지 결정하는 것은 '나 자신'임을 확인합니다.

이 구조를 알면 '분노는 스스로 조절할 수 있는 것'임을 이해할 수 있습니다.

반사적으로 욱하지 않는 연습

SUMMARY

앞에서 배운 기본 테크닉들을 활용하여 반사적으로 화내지 않는 연습을
한다. 화가 났을 때 사용할 자신만의 마법 주문을 만들어본다.

욱하는 순간을 지나면 분노 감정은 한결 잠잠해집니다. 마음속에
불길이 솟아오르면 그 불부터 잡은 후에 화를 낼 것인지 말 것인지, 낸
다면 어떻게 낼 것인지 생각해야 합니다. 그렇지 않으면 필요 이상으로
화를 내거나 잘못된 방식으로 표현하기 쉽습니다.

이처럼 반사적인 분노를 방지하기 위한 여러 가지 심리 기술들이 있
습니다. 3장에서 설명한 기본 테크닉들이 그것입니다. 다시 한번 요약
정리하여 소개할 테니, 아이들과 함께 욱하지 않기 위한 심리 기술들을
연습해 보세요. (아이들의 눈높이에 맞춰 각각 '마음이 조용해지는 마법'과 '욱
하지 않는 주문'이라고 이름 붙였습니다.)

마음이 조용해지는 마법

- 심호흡(릴렉제이션 호흡법)

  깨끗한 공기를 마시고, 몸속 나쁜 기운은 내뱉는 이미지를 떠올리며 함께 해봅니다.

- 수를 센다(카운트백)

  6부터 수를 줄여 5, 4, 3, 2, 1이라고 세면서 점점 분노가 작아지는 이미지를 떠올립니다.

- 대상을 가만히 본다(그라운딩)

  무언가 가까이에 있는 대상에 의식을 집중합니다. 가령 커튼 주름, 연필의 길이나 색상에 주목합니다.

- 원인에서 멀어진다(타임아웃)

  분노의 근본에서 떨어져서 냉정해집니다. 학교에서라면 화장실이나 화단 등 이동할 장소를 정해두는 것도 방법입니다.

- 생각하는 일을 멈춘다(스톱 씽킹)

생각해서 분노가 커진다면 사고를 멈춥니다. 하얀 종이를 머릿속에서 떠올려보면 이해하기 쉬울 것입니다.

욱하지 않는 주문

- 나만의 주문을 외운다(코핑 만트라)
  분노가 폭발하려고 할 때 자기만의 주문을 만들어 외칩니다(괜찮아, 문제없어, 꿀꿀꿀, 후후후 등).

훈련을 하며 연습해보고 평소에서도 사용할 수 있도록 도와주세요. 일단 실천하는 것이 중요합니다. 일상생활에서 아이가 화났을 때 "어떤 마법을 사용할까?"라고 유도하는 것도 좋은 방법입니다.

마법 기술을 사용하면

욱하는 기분이 들 때 시끄러운 마음이 조용해져요.

짧은 말이나 좋아하는 소리를 이용해서

나만의 주문도 만들어 보세요.

....

....

6초 습관 만들기

SUMMARY

화가 나면 6초만 참는 습관을 들인다. 6초를 보내는 다양한 방법을 체득하면 반사적으로 화를 표출하는 것을 막을 수 있다.

분노가 최고조로 지속되는 시간은 단 6초입니다. 6초만 기다리는 습관을 들이면 반사적으로 화내지 않는 사고방식과 마음을 진정시키는 법을 배울 수 있습니다.

단순히 1에서 6을 세면서 시간을 보내는 것보다는, 마음을 진정시킬 수 있는 일을 하며 6초를 흘려보내는 것이 좋습니다.

다음과 같은 단계대로 훈련해 봅니다.

❶ 눈을 감거나 상대에게서 눈을 돌리고 1, 2, 3, 4……라고 수를 셉니다.

❷ 분노가 진정되는 동안 집중할 만한 대상을 찾습니다(예를 들면 상대의 티셔츠에 쓰인 그림을 가만히 관찰합니다).

❸ 상대와 자기 사이에 있는 문이 쾅 닫히는 이미지를 떠올립니다.

❹ 있는 힘껏 심호흡합니다. 자신이 호흡하는 소리를 듣습니다.

❺ 자신만의 마법 주문을 외우거나, 노래를 불러 봅니다.

❻ 가슴 앞에서 팔짱을 끼고 웅크립니다. 그러면서 스스로 쓰다듬
   으면 도움이 됩니다.

미취학 아동의 경우, 분노 감정의 구조를 이해하기 어려울 수도 있습
니다. 6초 습관을 들이기까지 시간이 걸릴 수도 있습니다.

그러나 굳이 이해하지 않더라도 어린 시절부터 '화가 나면 무조건 6
초만 기다린다'는 것을 신조로 삼고 실천하는 습관을 만들어주세요. 욱
하지 않는 감정 습관이 마음속에 일찌감치 자리 잡도록 하는 것입니다.

분노

길어도 6초

아무리 크게 화가 나도 6초가 지나면
화는 가라앉기 시작해요.

욱하고 싶을 때는 6초만 기다리기로 약속해요.
숫자를 세거나, 눈 앞의 다른 물건을 자세히 관찰해요.
상대방과 나 사이에 문이 쾅 닫히는 모습을 상상하거나
크게 심호흡하거나, 나만의 주문을 외쳐요.
팔짱을 끼고 잠시 움츠리고 있어도 좋아요.

6초는 얼마나 긴 시간일까?

SUMMARY

6초의 길이를 체감한다.

하루 중 6초는 굉장히 짧은 시간이지만, 전력을 다해야 하는 순간에는 상당히 길게 느껴지기도 합니다. 예를 들어 무거운 중량을 들고 심장이 터질 듯이 강도 높은 훈련을 하는 선수에게 6초는 결코 짧지 않습니다.

감정이 최고조에 달한 순간의 6초도 마찬가지입니다.

아이에게는 낯선 시간

어른이라면 6초를 쉽게 셀 수 있을 것입니다. 그러나 아이들에게(나이가 어릴수록) 6초란 낯선 시간입니다. 6초의 길이를 설명하기보다는 직접 체험하도록 도와줍니다.

훈련에 앞서 먼저 워크 시트를 복사하거나 따라 그린 한 장짜리 종이를 준비해서 두루마리처럼 말아둡니다. 그리고 다음과 같이 진행하세요.

❶ 눈을 감고 손을 들게 합니다.
❷ 아이 스스로 6초라고 생각하는 지점에서 손을 내리도록 합니다.
❸ 다시 눈을 손을 들게 합니다. 엄마가 6초를 측정하여, 6초가 되면 손을 내리도록 합니다.
❹ 소리 내어 1, 2, 3, 4, 5, 6이라고 함께 숫자를 외치면서, 워크 시트 그림을 천천히 펼칩니다.

게임하는 느낌으로 집중할 수 있는 훈련입니다. 몇 차례 반복하면 6초가 어느 정도의 길이인지, 감각적으로 깨닫게 됩니다.

6초는 얼마나 긴 시간일까?

1 2 3 4 5 6

(사용법) 그림을 잘라서 둘둘 말은 뒤 1초에 한 단계씩 펼칩니다.

192

나를 소개합니다

SUMMARY

자신을 알고, 자신이 느끼는 다양한 감정의 스위치가 어디에 있는지 파악한다. 자신의 기준을 주변에 전달할 수 있다.

변화의 시작은 항상 자신을 아는 데서부터 출발합니다. 이번 훈련은 감정과 관련된 자기소개서로, '나는 어떤 사람인가'에 대해 작성합니다. 이로써 스스로 자신의 특성을 파악할 수 있습니다. 그리고 자기소개서를 발표하고, 다른 사람에게 보여줌으로써 자신이 좋아하는 것과 화나는 기준을 전달할 수 있습니다.

이 훈련은 여러 명이 함께 하면 더욱 좋은 훈련입니다. 나와는 다른 다양한 사고방식이 존재한다는 것을 느낄 수 있기 때문입니다. 친구나 형제가 서로에게 발표하는 시간을 가지는 것도 좋습니다. 여의치 않다면 엄마도 자신의 자기소개서를 작성해서 아이와 공유해 보세요.

글자를 쓰지 못하는 아이의 경우 말로 표현하도록 지도합니다.

훈련 시 주의할 점

    자기소개서는 다른 사람에게 나를 소개하기 위한 것입니다. 나만 보는 것이 아니라 다른 사람도 보게 되니, 누군가를 상처 주거나 무시하는 등의 내용은 쓰지 않도록 미리 약속합니다. 또한 싫은 것을 적는 란에 특정한 사람의 이름을 써서는 안 됩니다.

이름 _____

동그라미 안에
내 얼굴을 그려봐요

즐거웠던 일	....
기뻤던 일	....
슬펐던 일	....
좋아하는 것	....
싫어하는 것	....
무서워하는 것	....
화나는 일	....

195

친구를 소개합니다

SUMMARY

다른 사람에 대해 생각함으로써 타인에 대한 이해를 높이고, 반대로 자신에 대해 객관적으로 인식할 기회를 가진다. 그룹 훈련으로 활용하기 좋다.

욱하는 감정을 조절하기 위해서는 '타인'이라는 존재를 진지하게 인식하는 과정이 필요합니다. 감정을 조절하는 이유는 결국 다른 사람들과 잘 어울려 살아가기 위해서입니다. '너도 되고, 나도 된다'는 존중형 커뮤니케이션을 지향하는 까닭도 그것입니다.

아이가 자랄수록 엄마 아빠는 아이를 '나와 내 가족만이 존재하는 좁은 세상' 밖으로 꺼내 '수많은 타인이 함께 살아가는 넓은 세상'으로 이끌어 줄 책임이 있습니다. 아이의 그릇, 즉 인성과 인품을 키우고 갈고닦도록 도와야 합니다. 감정 조절 훈련은 그런 면에서도 의의가 있습니다.

이번 훈련은 타인을 이해하기 위한 훈련이자, 자신을 객관화하는 훈련입니다. 친구를 생각하면서 상대의 기분을 더욱 깊게 이해하고, 주변 사람이 자신을 어떻게 보는지 깨달을 수 있습니다.

훈련 방법과 주의점

　우선 누구에 관해 쓸 것인지 정하고, 그 사람에 관한 내용을 워크 시트에 적어 봅니다. 가능하면 대상이 된 사람에게 내용이 맞는지 물어보고, 훈련에 대한 감상을 나눕니다.

　앞의 〈나를 소개합니다〉 훈련과 마찬가지로, 부정적인 내용이나 특정 인물을 지목하여 상처 줄 수 있는 내용은 적어서는 안 됩니다. 예를 들어 즐거운 일에 'ㅇㅇ을 괴롭히는 일' 등은 쓰지 않도록 지도하세요.

　소개의 대상은 친한 사람이 아니어도 됩니다. 처음 만난 사람이나 잘 모르는 사람(예를 들어 얼마 전 이사 온 이웃의 친구나 새로 부임한 선생님 등)이라면 상상해서 써도 상관없습니다. 미취학 아동이나 저학년은 말로 해도 괜찮습니다.

　그리고 다른 사람에게도 자신에 대해 써달라고 부탁합니다. 이때는 위의 주의 사항(특정 인물의 이름을 포함시키지 않는다, 상처 주거나 무시하는 내용은 쓰지 않는다 등)을 전달하는 것이 좋습니다.

　주변에서 자신을 어떻게 보는지 알면, 미처 몰랐던 나의 면모를 알게 됩니다. 아이로서는 전에 없는 객관화 경험입니다. '내가 보는 나'와 '다른 사람이 보는 나'의 모습이 다를 수 있다는 사실이 신선하게 느껴질 것입니다.

친구를 소개합니다

이름_____

동그라미 안에
친구의 얼굴을 그려봐요

즐거웠던 일	....
기뻤던 일	....
슬펐던 일	....
좋아하는 것	....
싫어하는 것	....
무서워하는 것	....
화나는 일	....

분노 메모 쓰기

SUMMARY

언제 어떤 상황에서, 얼마나 강한 강도로 화가 나는지 분노 메모를 작성한다. 이 데이터가 모이면 분노 패턴을 파악할 수 있다.

강렬한 감정을 느끼는 순간, 그것을 깨닫는 시점에서 분노 감정 조절이 시작됩니다.

분노 메모는 자신이 느끼는 화를 자세히 파악하고 객관적으로 바라보기 위한 방법입니다. 이렇게 데이터가 쌓이면, 자신이 주로 어떻게 화를 내는지 분노 패턴을 파악할 수 있습니다. 분노 메모를 활용해 자신의 패턴을 분석하는 방법에 관해서는 이어지는 훈련에서 자세히 설명하겠습니다.

방법은 간단합니다. 화나는 일이 있었다면 당시 자신의 분노 수준을 체크합니다. 그리고 화가 난 시간과 장소, 일어난 사건, 자신의 반응, 상대방에게 바란 것, 1차 감정에 대해 작성합니다.

메모를 여러 장 작성하고 나면 다음 훈련을 참조하여 자신의 분노 패턴을 분석합니다. 또한 다른 사람들과 대조해서 비슷한 점과 다른 점에 관해 이야기를 나눠 봅니다.

눈에 잘 띄는 곳에 놓고 온 가족이 함께 써 보자

워크 시트는 어른과 아이가 함께 사용할 수 있습니다. 워크 시트를 복사하거나 따라 그려서 눈에 잘 띄는 곳에 여러 장 비치해 두세요. 식탁 근처나 거실 탁자 등 접근성이 높은 곳에 놓아두고 생각났을 때 작성합니다.

혹은 분노 메모를 가족 숙제로 삼아 각자 작성하고, 일주일에 한 번 가족 훈련 시간에 서로 발표하고 이야기 나눠 보는 것도 좋은 방법입니다.

화나는 감정은 상호 작용하는 것이며 커뮤니케이션과도 깊은 관련이 있습니다. 아이에게만 감정 조절을 강요해서는 안 되며, 생활 속에서 엄마 아빠가 함께 좋은 방향으로 작용해줘야만 아이의 감정 조절 능력을 키울 수 있습니다.

분노 메모를 쓸 때 주의할 점

분노 메모는 가능한 간단히 쓰도록 합니다. 곰곰이 생각하다 보면 더 화가 나거나, 가라앉았던 화가 다시 수면 위로 떠오를 수도 있습니다. 각 항목별로 한 문장 정도 작성하는 것이 적당합니다.

또한 우울할 때는 무리해서 쓰지 않도록 합니다. 더욱 침울해질 수 있기 때문입니다. 아이에게 말하고 싶지 않은 기분에 대해서는 말하지 않아도 된다고 알려주세요.

1차 감정에 관해 작성하는 것이 어렵게 느껴지면, 분노 메모의 마지막 항목은 생략할 수 있습니다.

분노 메모는 가능한 지속적으로 작성하는 것이 좋습니다. 계속해서 기록하면 다양한 감정 조절 훈련에서 활용할 수 있습니다.

분노 메모

레벨 1

레벨 2

레벨 3

레벨 4

레벨 5

얼마나 화가 났었나요?
옆의 화난 얼굴 중 골라 보세요.
(가시의 수와 눈, 입의 모양으로
구분합니다)

언제 일어난 일인가요?

....

무슨 일이 있었나요?

....

그래서 어떻게 했나요?

....

상대가 어떻게 하길 바랐나요?

....

화나는 마음 뒤에 숨어있던 기분은 무엇이었나요?

....

화내는 패턴을 찾아라

SUMMARY

분노 메모를 작성함으로써 자신의 분노 경향을 파악한다. 이를 통해 욱하는 순간을 예측하고 대비할 수 있다.

우리 아이는 언제 주로 화를 낼까요? 시도 때도 없이 욱하는 듯 보이는 아이에게도 사실은 경향이 존재합니다. 욱하는 패턴이 있는 것입니다.

어른도 마찬가지입니다. 분노 조절 강습에서 분노 메모를 쓰게 하면 자신도 몰랐던 패턴을 발견하고는 놀라는 경우가 많습니다. 예를 들어 유독 퇴근 후 집에 돌아온 뒤부터 저녁 식사를 하는 사이의 시간에 자주 화를 내는 사람이 있었습니다. 녹초가 되어 귀가했을 때 신경을 거스르는 것이 있으면 어김없이 화가 납니다. 자신은 화를 낼 만한 이유로 정당하게 화냈다고 생각했지만, 화내는 패턴을 파악하고 나면 같은 일이라도 일정한 시간과 컨디션에서 그 강도가 세지는 것을 알 수 있습니다.

이렇듯 몰랐던 자신을 깨달으면 같은 상황에서 자신을 제어할 수 있습니다. 방금 소개한 사례처럼 집에 돌아와 화나는 장면을 목격하더라도, '나의 분노 경향상 필요 이상 격분할 수도 있으니 잠시 후에 화내자'라고 생각할 수 있습니다.

4장은 주로 아이를 위한 훈련이지만, 분노 메모를 쓰고 분노 패턴을 분석하는 일만큼은 온 가족이 함께하면 좋겠습니다.

방법은 다음과 같습니다.

❶ 며칠간 분노 메모를 작성합니다(워크 시트를 활용하세요).
❷ 분노 메모를 보며, 화가 난 상황의 공통점을 찾습니다.
❸ 욱하는 상황에 직면했을 때를 대비해서 계획을 세웁니다.
❹ 온 가족이 이 내용을 공유합니다.

화내는 패턴 분석하기

분노 메모를 통해 주로 화를 낸 시간, 대상, 상황, 장소 등을 분석하면 경향을 파악할 수 있습니다. 예를 들면 이런 식입니다.

시간	저녁 4~5시 사이에
대상	주로 동생에게
상황	텔레비전 리모컨을 가지고 다투다가
장소	거실에서

분노 경향을 알고 나면, 같은 상황에서 화내지 않도록 노력해야 합니다. 정말 참을 수 없이 화가 난다면 그 순간이 아니라 잠시 후 다른 장소에서(시간과 장소를 옮겨) 화내는 것도 방법입니다.

분노 경향을 분석하는 일은 축적된 데이터가 필요하므로 최소 2회 이상 분노 메모를 작성한 후 시도합니다. 메모는 많을수록 좋지만, 그렇다고 지나치게 많으면 정리하기 어려울 수도 있습니다. 스스로 파악하기 어려울 때는 주변 사람들에게 객관적인 시점에서 봐달라고 부탁하세요.

분노 패턴을 찾아라

나는 주로 이렇게 화를 내요.

| 언제 | .... |

....

| 누구에게 | .... |

....

| 어떤 상황에서 | .... |

....

| 어떤 장소에서 | .... |

....

| 깨달은 점 | .... |

....

....

이렇게 화내지 않기 위해 다음과 같은 계획을 세웠어요!

| 나의 계획 | .... |

....

....

....

감정 수준 파악하기

SUMMARY

최근 화났던 일을 떠올리고 그때의 감정 수준(분노 레벨)을 파악함으로써 자신의 분노를 객관화하고, 다른 사람과의 차이에 대해 생각해 본다.

같은 일을 겪더라도 어떤 사람은 화를 내고 어떤 사람은 화내지 않습니다. 화내는 강도 또한 다릅니다. 자신의 물건을 빌려가서 망가뜨려 온 친구에게 불같이 화를 내는 아이가 있는가 하면, 속상하지만 화낼 정도는 아니라고 판단하는 아이도 있으며, "그런 거 별로 신경 안 써요"라며 무심한 아이도 있습니다. 이처럼 같은 일을 놓고도 사람마다 화를 느끼는 방식이 천차만별입니다.

그런 의미에서 이 훈련은 적어도 두 명 이상 함께하는 것이 좋습니다. 같은 상황에 대해 얼마나 화가 났는지 분노 감정의 수준을 체크함으로써 사람마다 다르게 화낸다는 것을 알 수 있기 때문입니다.

또한 같은 일에 대해 다 함께 점수를 매겨보면, 각자의 경향을 파악할 수 있습니다. 예를 들어 규칙이 지켜지지 않는 경우 남들에 비해 화가 심하게 난다든지, 자존심에 상처를 입으면 친구들보다 배로 화가 난다든지 등 특정 문제에 민감하다는 사실을 깨닫게 됩니다.

워크 시트를 보며 '최근에 화가 났던 일'과 '예시 상황에서 나라면 얼마나 화가 날지'에 관해 1~5점까지 점수를 매기세요. 예시 상황은 엄마가 정해주거나 다른 형제나 친구들과 의논해서 다양하게 설정해 봅니다. 점수를 매기는 방법에는 좋고 나쁨이 없습니다. 아이들이 스스로 판단하게끔 해주세요.

이 훈련은 〈반사적으로 욱하지 않는 연습〉(183쪽 참조) 훈련과 연결됩니다. 분노가 4점이나 5점 수준에 이르렀을 때, 어떤 마법이나 주문을 사용할지 대화를 나누며 대책을 세우는 것입니다.

얼마나 화가 났는가?

최근에 화가 났던 일을 떠올리고,
그때 얼마나 화가 났었는지
아래의 그림을 참고해 점수를 매기세요.

화났던 일 _____ 분노 점수 _____점

(예시 상황)에서
나라면 얼마나 화가 날까요? 점수를 매기세요.

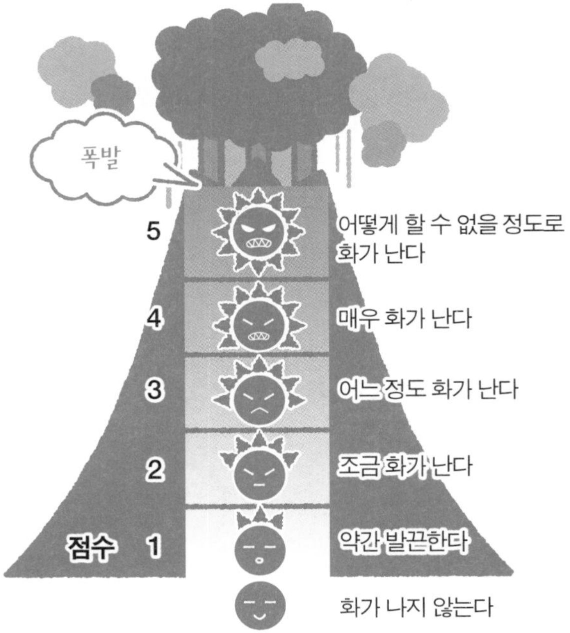

폭발

점수		
5		어떻게 할 수 없을 정도로 화가 난다
4		매우 화가 난다
3		어느 정도 화가 난다
2		조금 화가 난다
1		약간 발끈한다
		화가 나지 않는다

몸이 보내는 신호를 알기

SUMMARY

화가 나면 몸이 반응한다는 사실을 깨닫고, 그것을 의식하는 연습이다. 몸의 신호를 알아차리면 분노 감정이 강해지기 전에 그것을 제어할 수 있다.

말로는 "정말 아무렇지도 않아요"라고 하는데 옆에서 보면 긴장하거나 불안한 모습이 역력한 경우가 있습니다. 날씨가 덥지도 않은데 땀을 흘리거나 입술이 바싹 말라 있거나 다리를 떠는 식입니다. 본인은 자신이 얼마나 불안해하는지 모를 수도 있습니다. 감정을 인지하지 못했기 때문입니다.

이처럼 감정은 신체 반응을 일으킴으로써 자신이 찾아왔음을 알립니다. 몸의 변화를 통해 빠르게 자신의 감정 상태를 알아차릴 수 있다는 이야기이기도 합니다.

화나는 감정 또한 주로 다음과 같은 신체 반응을 동반합니다.

눈, 눈썹	치켜 올라간다, 눈물이 난다, 확 부릅뜬다
입	삐죽거린다, 이를 악문다
가슴	심장이 빠르게 뛴다, 답답한 느낌이 든다
배	위가 아프다, 배가 무거워진다
손	주먹을 꽉 쥔다
발, 다리	힘이 들어간다, 발을 동동 구른다, 발버둥 친다

화가 나면 얼굴과 몸이 어떻게 반응하는지, 워크 시트에 적거나 그려 보도록 합니다. 그리고 그 모습을 실제 표정으로 재현해봅니다. 무엇보다도 내 안에 분노 감정이 돋아날 때, 몸이 어떻게 되는지를 의식하는 일이 중요합니다.

화가 날 때 내 몸이 보내는 신호

화가 날 때 몸에서 이런 신호를 느꼈어요!

머리 ....

눈 ....

코 ....

입 ....

몸 ....

손 ....

발 ....

기타 ....

그림으로 그려 보아요.
옆의 그림에 눈, 코, 입,
팔과 다리, 손과 발을 그려서
화가 났을 때 나의 모습을
완성하세요.

레벨 ★☆☆ | 목적 : **자신을 파악하고 내 안의 감정을 깨닫기**

화나는 감정과 함께 놀기

SUMMARY

분노를 입체적으로 표현하여, 스스로 화나는 감정을 조절하는 이미지를 떠올릴 수 있도록 한다.

눈에 보이지 않는 감정을 다스린다는 개념 자체가 미취학이나 저학년 아이에게는 어렵게 느껴질 수 있습니다. 이를 위해 분노라는 감정을 시각화하는 훈련입니다.

먼저 아무것도 인쇄되지 않은 투명한 비닐봉지에 유성펜으로 화난 얼굴을 그립니다. 그리고 비닐봉지를 만지면서 구겨 보고, 접어 보고, 끈을 붙이고 달려 봅니다.(단, 질식의 위험이 있으니 머리에 쓰지 않도록 주의가 필요합니다.)

- 비닐봉지를 구기거나 깨끗하게 접으면서 자신이 생각하는 대로 감정을 다룰 수 있다는 점을 느낄 수 있습니다.

- 뛰어다닐 장소가 있다면 비닐봉지에 끈을 붙여서 이리저리 달리며 놀아 봅니다. 이렇게 뛰어다닐 때, 비닐봉지가 항상 아이의 뒤에 따라오고 있다는 사실을 이야기해 주세요. 그리고 화나는 감정 또한 이 비닐봉지처럼 나 자신이 통제할 수 있는 것이라고 말해줍니다.

화나는 감정과 함께 놀자

준비물 : 비닐봉지, 비닐 끈, 유성펜

유성펜으로 비닐봉지에 화난 얼굴을 그려요.

끈에 매달아서 달려 봐요.

꾸깃꾸깃 구겨 봐요.

반듯하게 접어 봐요.

화가 났을 때 나의 머릿속은?

SUMMARY

화가 났을 때 어떤 생각을 했는지 점검함으로써 자신의 분노를 직시하고,
욱하는 순간 다양한 생각이 떠오른다는 사실을 깨닫는다.

흔히 '크게 화가 나면 사고가 마비된다'고 말합니다. 실제로 사고가
정지되었다기보다는, 폭발적인 감정에 휩쓸린 결과 당시 머릿속에 있
던 생각들이 기억나지 않는 것입니다.

분노 감정이 치솟는 순간, 우리 머릿속에는 다양한 생각들이 오갑니
다. '왜 저렇게 행동(말)하지?'라는 상대에 대한 의문, '상대방이 저렇게
행동(말)해서 슬프다(우울하다, 불안하다)' 등의 1차 감정, 그리고 상대가
어떻게 해주었으면 좋겠다고 바라는 점 등 다양한 생각이 머릿속에 혼
재합니다. 이런 생각들을 하나하나 적어봄으로써 막연하게 '화가 났다'
를 아는 수준에서 벗어나, 자신의 분노 감정을 직시하는 훈련입니다.

화가 났던 구체적인 상황을 예로 들어 그때 어떤 생각을 했는지 위

크 시트에 적고, 그에 관해 이야기를 나눕니다. 화났던 상황은 분노 메모에 적었던 것 중 하나를 고를 수도 있습니다.

이 훈련을 통해 자신의 모습과 일어난 일을 객관적으로 파악할 수 있으며, 화나는 감정 이면에 다양한 생각과 감정이 존재한다는 사실을 깨달을 수 있습니다.

다만 작성하는 중 감정이 격해질 수 있으니, 이럴 때는 일단 중단하거나 다른 각도에서 생각할 수 있는 질문을 던지도록 합니다.

화났을 때 했던 생각을 말풍선 안에 써 보아요.

화나거나, 괜찮거나, 화나지 않거나

SUMMARY

사람마다 화나는 지점이 다르다는 것을 깨닫고, 다양한 기준과 가치관에 대해 생각할 수 있다. 그룹 훈련에 적합하다.

나와는 다른 생각을 접하고, 그것의 수용 범위를 점차 넓혀가며 아이는 성장하게 됩니다. 화낼 일과 화내지 않을 일을 분별하는 서로 다른 기준을 경험하는 것도 그런 면에서 도움이 됩니다.

이번 훈련은 단체로 하기에 좋은 훈련입니다. 친구들과 함께하거나 혹은 온 가족이 함께해보세요.

❶ 워크 시트의 이미지를 칠판이나 화이트보드, 혹은 커다란 종이에 그려서 벽에 붙입니다.

❷ 화가 날 만한 상황을 한 가지씩 제시합니다.

❸ 참가하는 모두 손을 들어 손가락으로 번호를 가리키거나, 번호를 말합니다.

❹ 왜 화를 내거나 내지 않는지 서로 이야기하며 각자의 관점을 파악합니다.

자신의 기준과 다르다고 해서 다른 사람의 의견을 무시하거나 부정하지 않도록 주의하세요. 화나는 상황은 상상하기 쉬운 흔한 상황으로 설정하는 것이 좋습니다. (64쪽을 참조하여 워크 시트 속 3가지 단계에 대하여 추가 설명할 수 있습니다.)

(예시 상황)에서
나는 다음 중 몇 번과 같이 반응할까요? 골라 보세요!

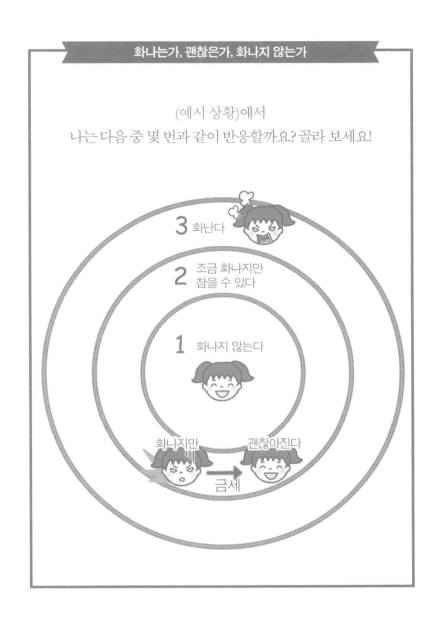

레벨 ★★☆ | 목적 : 생각을 확장하고 다양성을 인정하기

서로 다름을 이해하기

SUMMARY

〈나와 작은 새와 방울과〉라는 시를 낭독하고, 사람마다 화내는 지점과 형태가 다르며, 그것은 나쁘지 않다는 점을 이해한다.

타인과 나의 생각이 다를 수 있다는 사실을 이해하면, 화낼 일이 줄어듭니다. 또 다른 사람이 내게 화를 내더라도, 그에 반응하여 반사적으로 화내지 않고 상대방의 입장에 대해 생각할 수 있습니다. 이처럼 타인과 자신의 다름을 깨닫고 이해하는 것은 분노 감정을 조절하는 데 중요합니다.

아이와 함께 워크 시트 속 〈나와 작은 새와 방울과〉라는 시를 소리 내어 낭독합니다. 그리고 다음의 3가지 질문에 대해 생각하고 그에 대한 대답을 간단히 적거나 이야기를 나눕니다.

• 어떤 일에 화가 나나요?

자신의 기준에서 받아들일 수 없는 일, 이해할 수 없어서 화가 나는

일은 무엇인지 생각해 봅시다.

- 화를 낸 뒤에는 그 일에 관해 받아들일 수 있나요?

  화내고 나면 그 일에 대해 조금은 마음이 풀리나요?

- 화를 낸 적이 별로 없다면, 그 이유는 무엇일까요?

  화를 잘 내지 않는 사람도 있어요. 그 이유가 무엇일지 한번 생각해

  봅시다.

이 훈련은 〈화나거나, 괜찮거나, 화나지 않거나〉 훈련에 이어 하면 좋습니다.

참고로, 〈나와 작은 새와 방울과〉는 일본의 동요 시인인 가네코 미스즈의 유명한 작품입니다. '방울, 작은 새, 나'라는 세 존재가 할 수 있는 일이 각각 다르듯, 나와 다른 사람은 할 수 있는 일이 다르며 생각도 제각각이라는 사실을 알려주세요.

나와 작은 새와 방울과

내가 양손을 펼쳐도
하늘은 조금도 날 수 없지만
날아가는 작은 새는 나처럼
땅 위를 빨리 달릴 수 없어.
내가 몸을 흔들어도
예쁜 소리는 나오지 않지만
저 울리는 방울은 나처럼
많은 노래는 모를 거야.
방울과 작은 새와 그리고 나
모두 달라서 모두 좋아

화를 낼까, 내지 말까

SUMMARY

마음속으로 느껴지는 분노와 표현하는 분노를 구별하는 훈련이다. 화가 났을 때 화를 표출할지 말지 판단하는 과정을 체득한다.

분노 감정은 자연스러운 것이며 화내는 일은 나쁜 것이 아닙니다. 그러나 화를 내기 전에는 반드시 판단 과정을 거쳐야 합니다. 마음속으로 느낀 화를 겉으로 표현할 것인지 말 것인지를 결정해야 하는 것입니다. 이러한 판단 과정 없이 욱한 마음에 화를 내는 것은 무모한 분노 표출에 지나지 않습니다.

화나는 감정이 돋아났을 때, 그것을 처리하는 흐름을 배워두면 화낼 때 제대로 화내고 그렇지 않은 일에는 화를 참을 수 있습니다. 워크 시트를 보며 화가 났을 때 꼭 기억해야 할 3단계에 대해 이야기합니다. 다음의 예시를 참고로 하여, 구체적인 상황을 가지고 설명해 주세요.

0. 상황	친구가 내 연필을 마음대로 사용했다.
1. 진정	마법의 6초 습관을 사용한다. 마음속으로는 "마음대로 쓰지 마!"라고 소리 지르고 싶지만, 일단은 6초간 꾹 참고 기다리면서 반사적인 분노를 제어한다.
2. 선택	화를 낼지 내지 않을지 선택한다. 화를 낼 만큼 중요한 일인지 그렇지 않은지, 화를 내면 상황이 바뀔지 아닐지, 내가 받아들일 수 있는 일인지 아닌지에 관해 생각한다.
3. 결정	화를 낸다면 어떻게 화를 낼지, 화를 내지 않는다면 어떻게 할지 결정한다.

- 화내는 것을 선택했다면 → "허락 없이 남의 물건을 쓰면 안 돼! 그건 잘못된 거야. 내 연필 돌려줘"라고 말하기로 결정한다.
- 화내지 않는 것을 선택했다면 → 별일 아니라고 생각하기로 결정한다 / 더 중요한 일에 신경 쓰기로 결정한다.

화내는 기준을 정하기

두 번째 단계의 선택을 위해서는 화내는 기준을 세워두는 것이 좋습니다. 자신에게 중요하지 않은 일에는 화낼 필요가 없습니다. 바꿀 수 없는 일도 마찬가지입니다. 어쩔 수 없는 일이라면 화내봤자 기분만 더 나빠질 뿐입니다.

중요하고 바꿀 수 있는 일이라면 화를 내고(바꾸기 위해 행동합니다), 중요하지만 바꿀 수 없는 일이라면 화내지 않기로(상황을 받아들입니다) 아이와 약속하세요.

그리고 화가 나면 이러한 기준에 따라 화를 낼지 말지 선택하기로 합니다. 선택에는 맞고 틀림이 없지만, 이어지는 행동의 책임은 자신에게 있다는 사실을 말해주세요.

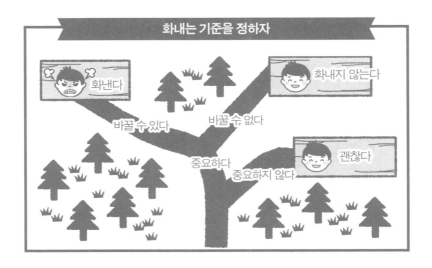

화가 나기 시작하면 이렇게 해보자

화나는 일이 생겼어요!

1 6초간 기다립니다

일단
진정해요

2 화낼지 화내지 않을지 선택해요

나 자신에게 물어봐요
....
나에게 중요한 일일까?
받아들일 수 있는 일일까?
화를 내면 해결될까?

3 어떻게 할지 결정해요.

화를 낸다면 어떻게 화를 낼까?
....

....

화내지 않는다면 어떻게 할까?
....

....

참지 않는 연습

SUMMARY

화는 폭발시켜서도 안 되지만 참아서도 안 된다. 화가 나면 일단 마음을 진정시키고 화를 낼지 내지 않을지 판단하도록 한다.

오랜 세월, 우리는 화나도 참는 것을 미덕으로 여겨왔습니다. 그러나 분노 감정은 참는다고 해서 사라지는 것이 아닙니다. 억누르면 잠시 사라진 듯 보이지만, 그러는 동안 마음 깊은 곳을 병들게 합니다.

아직도 감정 조절을 감정을 참는 것이라고 생각한다면, 다시 한번 이 책의 앞부분을 정독하여 생각을 바꾸길 바랍니다. 또한 '아이의 화'에 대한 사고도 바꿔야 합니다. 아이가 화내는 것을 이상 증세로 받아들이거나, 버릇없는 것이라고 생각해 무조건 억누르는 경우가 있습니다. 아이가 화내는 이유에 대해서 고민하지 않고, 화를 냈다는 사실 자체에만 주목하여 혼내는 것입니다. 이렇게 되면 아이는 야단맞는 것이 무서워 자신의 화를 감추고, 마음속에 숨겨진 분노가 결국 자신을 향하는 결과로 이어지게 됩니다.

분노는 이유가 있기 때문에 솟아오르는 중요한 감정입니다. 이 사실을 알고, 화는 참는 것도 아니며 폭발시키는 것도 아니라는 사실을 알려주세요. 워크 시트와 함께 실제 풍선을 이용하면 좋습니다.

풍선을 불어서 동그랗게 만듭니다. 어느 정도 부풀어 있는 풍선을 '화가 난 마음'이라고 소개합니다. 이어서 아이에게 풍선을 터질 때까지 불게 합니다. 이것은 분노를 폭발시키는 것과 같습니다.

다시 부풀어 있는 풍선을 준비해서, 이번에는 풍선 끝을 묶고 터질 때까지 누릅니다. 이것은 분노를 참는 것과 같습니다.

어느 쪽이든 마음은 터지고 만다는 것을 알 수 있습니다.

이 훈련은 〈6초 습관 만들기〉 훈련(187쪽 참조), 〈화를 낼까, 내지 말까〉 훈련(225쪽 참조)과 같이 하면 좋습니다.

화를 폭발시키면
마음이 무너져요.
화는 폭발시키는 것도,
참는 것도 아니에요.

화나는 마음을
억누르다 보면
마음이 무너지게 돼요.

우선 화났다는 사실을
깨달아야 해요.
그리고 6초를 기다려서
마음을 진정시키고
화를 낼지 말지 선택해요.

욱하지 않는 생각 습관 만들기

SUMMARY

자동적 사고 습관을 찾아서 고쳐나간다. 이를 통해 반사적인 분노로 연결되기 어려운 사고회로를 만든다.

누군가가 내 쪽을 향해 웃는 모습을 보았습니다. 이때 '분명히 내 험담을 하고 있는 거야'라고 생각한다면, 부정적으로 생각하는 습관이 있는 것입니다. 이와 같은 사고 습관이 있으면 자주 다툼을 벌이거나 불안감이 커집니다. 결국 짜증을 잘 내거나, 반사적으로 욱하는 사람이 됩니다.

어린아이가 부정적으로 사고하는 습관을 가지고 있다면, 가능한 한 빨리 이것을 고쳐줄 필요가 있습니다. 다양한 상황을 제시하고, 이에 관해 낙관적으로 바라보도록 유도합니다. 예를 들어 누군가 나를 보며 웃는 것을 목격했다면, '즐겁게 이야기를 하네', '마침 이쪽을 보면서 웃고 있네'라고 여기는 것입니다. 꼭 나쁜 쪽으로 바라보지 않아도 다양하게 생각할 수 있다는 걸 알려줍니다.

우선 워크 시트에 제시된 상황에 대해 "이런 상황에서 어떤 생각이 들까?"라고 질문하고 바로 생각난 것을 적도록 합니다. 아이의 대답이 부정적인지 긍정적인지 관찰합니다. 그리고 어떻게 생각하면 짜증이 나지 않을지 고민해보게끔 합니다. 시점을 바꾸어 화내지 않아도 되는 사고방식을 찾는 연습입니다.

워크 시트에서 예로 든 상황에 대해 화가 나지 않는다는 아이도 있습니다. 그렇다면 아이가 실제로 화를 냈던 상황, 또는 짜증 냈던 상황을 예로 들어서 '그때 했던 생각'과 '어떻게 생각하면 화내거나 짜증 내지 않을 수 있었을지' 찾아보게 합니다.

누군가 내 쪽을 보고 웃었어요.

어떤 생각이
들었나요?

어떻게 생각하면
짜증 나지 않을까요?

실제로 경험했거나 본 적이 있는
짜증 나는 상황이나 화나는 상황을 떠올려 보세요.
그 상황에서 어떤 생각이 들었으며,
어떻게 생각하면 짜증 나거나 화나지 않을 수 있었을까요?

화나는 감정 표현하기

SUMMARY

화낼 때 자신이 주로 하는 말을 돌이켜보고, 어떤 말을 해야 화내는 목적을
이룰 수 있을지 생각한다.

사람마다 화내는 패턴을 가지고 있다는 사실은 앞서 설명한 대로
입니다. 그런가 하면 화를 내는 중에도 패턴이 있는데, 주로 사용하는
말과 행동이 그것입니다.

이번 훈련에서는 평소 자신이 화낼 때 사용하는 말을 확인하고, 바람
직한 표현이었는지 아닌지 판단한 후 화가 났을 때 자신의 의사를 전달
하는 방법에 관해 생각해 보겠습니다. 훈련 방법은 다음과 같습니다.

❶ 화가 나면 주로 사용하는 말을 적어봅니다.

❷ 다른 사람에게 그 말을 하게 합니다.

❸ 그 말을 듣고 어떤 기분이 드는지 느껴봅니다. 그리고 어떻게 표
현해야 화내는 목적을 이룰 수 있을지 생각합니다.

때로 분노 감정을 격하게 표현하는 아이들이 있습니다. "죽어", "없어져" 같은 말을 하는 것인데, 이처럼 표현이 거친 아이라면 그 말을 들은 상대방의 느낌이 어떨지에 관해 자세히 이야기를 나눠 보십시오. 분명 자신의 화내는 방식이 잘못되었음을 깨달을 것입니다.

한편, 내가 사용하는 말을 다른 사람에게서 듣고서는 큰 충격에 빠지는 아이도 있습니다. 훈련에 불과하다는 사실을 다시 한번 주지시키고, 그 자리의 분위기에 세심한 주의를 기울이세요.

감정을 전달하는 기술

그렇다면 어떻게 해야 화난 마음을 잘 표현할 수 있을까요?

소리 지르고 울어야만 화내는 것은 아닙니다. 차분하고 냉정하게 자신의 감정과 상대방에게 원하는 바를 전달하는 식으로 화낼 수도 있습니다. 욱하는 감정을 폭발시키지 않아도 화내는 목적을 이룰 수 있는 것입니다.

상대방에게 전달해야 할 것은 자신의 기분(1차 감정)과 자신이 원하는 것, 이렇게 2가지입니다. 예를 들어, 내가 A를 좋아한단 사실을 다른 친구가 여기저기 떠들고 다녀 화가 난 상황이라면, 그 친구에게 다음과 같이 표현할 수 있습니다.

나의 기분   내 비밀이 알려져서 무척 괴롭다
원하는 것   내게 사과하고, 앞으로 다른 사람의 기분을 생각해주기 바란다

만약 친구가 빌려 간 책을 돌려주지 않아 화가 난 경우라면, 어떻게 전달할 수 있을까요?

나의 기분   무척 짜증이 난다
원하는 것   빨리 책을 돌려주길 바란다

화나는 일에 대해 분노 메모를 작성하고, 그것을 상대방에게 보여줄 수도 있습니다. 자신의 마음 상태를 전달하고 무엇을 원하는지 정확하게 알려주는 것입니다.

단, 상대가 꼭 받아들인다는 보장은 없으므로 거절당할 수도 있다는 사실을 알려주세요.

화났을 때 내가 하는 말들

평소 화가 나면 어떤 말을 하나요?

....
....
....
....

내가 했던 말을 들으니 어떤 기분이 드나요?

....
....
....
....

어떻게 말해야
내 기분을 잘 표현할 수 있을까요?

....
....
....

제대로 화내는 기술

SUMMARY

화나는 감정을 표현할 때는 목적이 있어야 한다는 사실을 깨닫고, 어떻게 화내야 목적을 달성할 수 있을지 생각한다.

마음속의 분노 감정을 겉으로 드러낼 때는 반드시 목적이 있어야 합니다. 예를 들어 동생의 장난으로 인해 화가 났다면 그 장난을 멈추게 하는 것이 목적입니다. 동생과 싸우려고 화를 내는 것이 아닙니다. 엄마가 자신을 믿어주지 않아서 화가 났다면, 진실을 밝히는 것이 목적이지 엄마를 속상하게 만드는 것이 화내는 목적이 되어서는 안 됩니다.

이번 훈련은 화를 낼 때는 목적이 있어야 하며, 그 목적을 어떻게 이룰 것인지에 관해 고려해야 한다는 점을 알려줍니다. 우선 워크 시트를 복사한 한 장짜리 종이를 준비해 둡니다. 아이가 짜증을 내거나 화낼 때 지금까지의 감정 조절 훈련(엄마와 함께 화나는 감정에 대해 공부했던 것)을 상기시키며 각각의 질문에 대한 답을 찾도록 지도합니다.

239

마지막에는 반드시 "지금 화내고 나면 나중에 웃을 수 있을까?"라고 질문해야 합니다. 가령 친구에게 화를 낸다면 그 순간에는 시원할지 몰라도, 그 친구와 다시는 놀지 못하게 될 수도 있습니다. 그래도 웃을 수 있을지 생각합니다. 만약 웃을 수 없으리라 생각되면 처음으로 다시 돌아가서 화를 낼지 말지 선택해야 합니다.

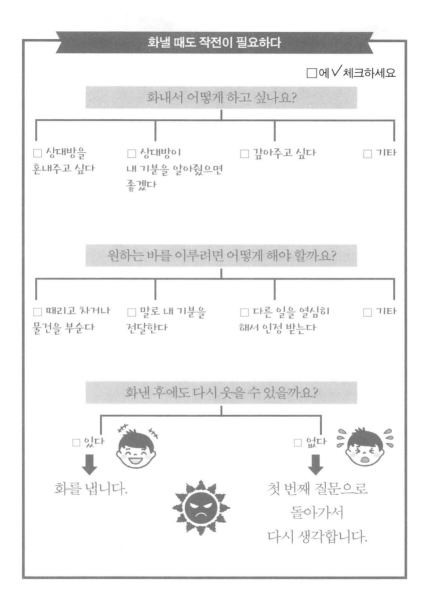

화낼 때도 작전이 필요하다

□에 √체크하세요

화내서 어떻게 하고 싶나요?

□ 상대방을 혼내주고 싶다

□ 상대방이 내 기분을 알아줬으면 좋겠다

□ 갚아주고 싶다

□ 기타

원하는 바를 이루려면 어떻게 해야 할까요?

□ 때리고 차거나 물건을 부순다

□ 말로 내 기분을 전달한다

□ 다른 일을 열심히 해서 인정 받는다

□ 기타

화낸 후에도 다시 웃을 수 있을까요?

□ 있다

화를 냅니다.

□ 없다

첫 번째 질문으로 돌아가서 다시 생각합니다.

긍정적인 관점으로 바꾸기

SUMMARY

타인과 세상을 보는 관점을 바꿈으로써 부정적인 감정을 줄이는 훈련이다.
사고방식의 틀을 깨는 것이 중요하다.

물이 컵에 반 정도 차 있는 것을 보고 "물이 반밖에 안 남았네"라고
생각하는 사람이 있는 반면, "물이 반이나 차 있네"라고 생각하는 사람
도 있습니다. 같은 상황이라도 어떤 시각으로 보느냐에 따라 비관적인
일이 되기도 하고, 낙관적인 일이 되기도 합니다.

세상을 향한 부정적인 시선은 불안과 불만, 우울을 낳습니다. 반대로
낙관적인 시선을 가지면 삶에 만족감이 커집니다. 짜증스러운 일이 줄
어듭니다.

이번 훈련은 이처럼 관점을 리프레이밍reframing하는 것입니다. 워크
시트에는 사람들의 다양한 기질이 나열되어 있습니다. 이 기질을 낙관
적으로 바라본다면 어떻게 표현할 수 있을지 생각하고, 적어 봅니다.
이 훈련은 다른 사람들의 특성을 긍정적으로 파악하기 위한 것으로, 일

상생활에 도입하면 양호한 인간관계를 구축하는 데 도움이 됩니다. 예를 들어 아이가 "저 사람은 너무 시끄러워"라고 말한다면, "그것보다는 활기차다고 표현하는 게 어떨까?"라고 대응하며 훈련 내용을 상기시켜 주세요.

각각의 기질들은 다음과 같이 긍정적으로 파악할 수 있습니다.

소극적이다	→ 조심스럽다
제멋대로다	→ 적극적이다
시끄럽다	→ 활기차다
참견이 심하다	→ 사람을 좋아한다
따지기 좋아한다	→ 논리적이다
게으르다	→ 느긋하다
건방지다	→ 자기 의견이 확실하다

사건에 대해서도 낙관적으로 생각하는 습관을 들이도록 도와주십시오. 부정적인 사건을 긍정적으로 파악하기 어려워할 경우 '기회'라고 표현하면 쉽습니다. 넘어져서 상처가 났다면 "크게 다치지 않아서 다행이야", 시합에서 졌다면 "이번에 약점을 찾아서 다음번에는 더 잘할

수 있게 되었다", 친구와 싸웠다면 "더 친해질 기회가 생겼다"고 말해주세요.

엄마의 관점부터 바꾸자

아이는 양육자의 영향을 강하게 받기 마련입니다. 무심결에 단점에 주목하는 습관을 가지고 있다면 엄마 먼저 자신의 시각을 바꿔야 합니다.

단점에 주목하면 단점만 깨닫게 됩니다. 단점에 대한 부정적인 관점은 1차 감정이 되어 결국 분노 감정으로 이어집니다. 아이를 위해서라도 긍정적으로 생각하고, 낙관적으로 반응하는 습관을 들이세요.

각각의 특성을 가진 다양한 사람들을
긍정적인 말로 표현해 보아요!

소극적이에요 ➡

제멋대로예요 ➡

항상 시끄러워요 ➡

참견이 심해요 ➡

건방져요 ➡

게을러요 ➡

따지기를 좋아해요 ➡

내가 되고 싶은 사람

SUMMARY

이상적인 롤모델을 찾는다. 화가 났을 때 그 사람의 행동을 모방함으로써
침착하게 행동한다.

성격은 후천적으로 만들어지는 것입니다. 한번 욱하면 감정을 못
참는 것처럼 보이는 아이도 감정 조절 훈련을 거듭함으로써 변화할 수
있습니다. 누가 봐도 이상적인 성격의 어른으로 자라날 수 있습니다.

이를 위해 마지막으로, 롤모델을 연구해서 비슷하게 행동하는 훈련
을 소개합니다.

우선 아이가 이상적이라고 생각하는 사람을 찾습니다. 부모님이나
친지, 선생님, 친구 등은 물론이고 애니메이션의 등장인물이나 그림책
속 주인공 등 누구라도 상관없습니다.

그리고 내가 찾은 롤모델이 화낼 때 어떤 행동을 하는지 워크 시트에
적고, 써놓은 행동을 실천합니다.

만약 '그 사람은 어떻게 화를 내나요?'란 질문에 답을 쓸 수 없다면 적합한 롤모델이 아닐 수 있습니다. 이런 경우 다른 롤모델을 찾는 것이 좋겠습니다.

아이가 롤모델을 떠올리지 못한다면 강권하지 말고 지켜봐 주세요.

이렇게 '내가 되고 싶은 사람'처럼 행동하다 보면 화가 나도 이성을 잃지 않고 침착하게 대처할 수 있습니다.

'나도 이렇게 되면 좋겠다!'고 생각하는 사람은 누구인가요?

그 사람은 어떻게 화를 내나요?

화가 났을 때의 태도는?

....

....

....

화가 났을 때 하는 말은?

....

....

....